Christiane Mayer-Mixner wurde 1948 in Wien geboren. Studium der Psychologie, Anthropologie und Zoologie an der Universität Wien, nebenbei Sprachstudien, verbunden mit Reisen nach Belgien, England, Frankreich, in die Niederlande und in die UdSSR. Derzeit Tierpflegerin im Tiergarten Schönbrunn (Kinderzoo), seit zwei Jahren Zooschulleiterin.

Ein Fisch beim Zahnarzt

J&V

Ein Fisch beim Zahnarzt

und andere Mensch-und-Tier-Geschichten

Ausgewählt, erläutert und illustriert von
Christiane Mayer-Mixner

... eigentlich für Kinder gedacht –
aber wir Erwachsenen wollen ebenfalls
gern dabei ... so entspannt sein wie
Kinder ... dasselbe viel Spaß
für alle Suchende

Jugend und Volk Wien München

Gestaltung des Schutzumschlages
(unter Verwendung einer Illustration von Christiane Mayer-Mixner):
Bruno Wegscheider

ISBN 3-7141-1423-8 Jugend und Volk

Druck: Wiener Verlag, Wien

INHALT

GERALD DURRELL

Familie Jones

Schon in aller Frühe, als es noch stockdunkel war, wurde ich durch Huichi geweckt, der leise pfeifend in der Küche herumwirtschaftete, mit Kaffeekanne und Tassen klapperte und uns sanft aufzuscheuchen suchte. Meine unmittelbare Reaktion bestand darin, mich noch tiefer unter die weichen, warmen, keksfarbenen Lamafelle zu kuscheln, die das ungeheure Doppelbett bedeckten, in dem Jacquie und ich behaglich ruhten. Dann entschied ich nach kurzem Nachdenken, daß ich ebensogut aufstehen konnte, wenn Huichi schon auf war; überhaupt mußte ich mich dazu aufraffen, um die anderen aus den Federn zu jagen. So holte ich tief Atem, warf die Decken zurück und sprang behende aus dem Bett. Selten habe ich etwas mehr bereut – es war, als spränge ich von einer Sauna in einen kalten Bergbach. Mit klappernden Zähnen zog ich alle Kleidungsstücke an, die ich finden konnte, und begab mich in die Küche. Huichi nickte mir lächelnd zu und goß dann verständnisinnig zwei Fingerbreit Cognac in eine große Tasse, füllte sie mit dampfendem Kaffee und reichte sie mir. Auf einmal glühte ich vor Hitze, sodaß ich einen meiner drei Pullover ausziehen mußte. Voller Schadenfreude machte ich mich daran, die andern aus dem Bett zu vertreiben.

In der blaßgelben Morgendämmerung brachen wir schließlich auf, angenehm erwärmt durch Cognac und Kaffee, und fuhren nach dem Ort, wo die Pinguine zu finden sein sollten. Dicht zusammengedrängte Schafe mit ausdruckslosem Gesicht wimmelten vor der Nase des Landrovers über den Weg; ihr wolliges Fell wabbelte beim Lauf. Einmal kamen wir an einem langen, seichten Tauteich vorbei, der zwischen sanftgewellten Bergen in einer

Kluft eingezwängt war; sechs Flamingos, rosa wie Zyklamenknospen, suchten am Teichrand nach Nahrung. Nachdem wir ungefähr eine Viertelstunde unterwegs gewesen waren, bog Huichi vom Hauptweg ab und fuhr querfeldein einen kleinen Hang hinauf. Als wir uns dem höchsten Punkt näherten, drehte er sich um und lachte mich an.

»*Ahora*«, sagte er, »*ahora los pinguinos.*«

Wir langten oben an, und da war die Pinguinengesellschaft. Vor uns hörte das niedrige, braune Dorngebüsch allmählich auf und verlor sich in einer großen Sandwüste. Vom Meer wurde sie durch halbmondförmig gelagerte weiße Dünen getrennt, die sehr steil waren und sich an manchen Stellen bis zu siebzig Meter hoch türmten. Auf diesem Wüstengebiet, vor dem Meereswind durch den Dünenwall geschützt, hatten sich die Pinguine angesiedelt. So weit das Auge reichte, war der Boden pockennarbig von Nestlöchern verschiedener Tiefe. Diese Krater bewirkten, daß die Gegend an eine Mondlandschaft erinnerte. Zwischen den Mulden watschelte die größte Pinguinengesellschaft herum, die ich jemals erblickt hatte; gleich einem Meer von kleinen Oberkellnern schlurften sie ernst hin und her, als litten sie an Plattfüßen, weil sie ihr Leben lang überladene Servierbretter getragen hatten. Ihre Zahl war ungeheuerlich; sie erstreckten sich bis zum äußersten Horizont, wo sie im Hitzedunst schwarzweiß flimmerten. Es war ein atemberaubender Anblick. Langsam fuhren wir durch das Dorngebüsch, bis wir den Rand dieser gigantischen Wabe von Nesthöhlen erreichten; dann hielten wir und stiegen aus.

Wir standen und beobachteten die Pinguine, und sie standen und beobachteten uns mit großer Hochachtung und Neugier. Solange wir beim Fahrzeug blieben, zeigten sie keine Furcht. Zum größten Teil waren es natürlich ausgewachsene Vögel; aber jedes Gelege bestand aus ein oder zwei Jungen, die noch ihren Kinderflaum trugen. Sie betrachteten uns mit großen, schmelzenddunklen Augen; sie sahen fast aus wie dicke, schüchterne Debütantinnen in viel zu großem Silberfuchspelz. Die ausgewachsenen Vögel, schlank und elegant in ihrem schwarzweißen Anzug, hatten einen roten Bart rings um die Wurzel des Schnabels und glänzende, räuberische Straßenbettleraugen. Wenn man sich ihnen näherte, wichen sie zu ihren Höhlen zurück, wobei sie den Kopf warnend verdrehten, bis sie einen manchmal ganz verkehrtherum anschauten. Kam man ihnen allzu nahe, so traten sie rückwärts in ihre Höhle und verschwanden allmählich, wobei sie den Kopf immer noch heftig verrenkten. Die Jungen hingegen ließen uns bis ungefähr auf einen Meter herankommen, dann aber verloren sie den Mut und tauchten in die Höhle, sodaß nur noch ihre dicken flaumigen Hinterteile und die verzweifelt flappenden Läufe zu sehen waren.

Zuerst verwirrten mich Lärm und Bewegung der riesigen Kolonie. Wie eine Geräuschkulisse zum fortwährenden Flüstern des Windes ertönten immerzu das Piepsen der Jungen und die lauten, langen Eselsschreie der Eltern, die mit weitgespreizten Läufen steif aufgerichtet standen und mit dem Schnabel zum blauen Himmel wiesen, während sie fröhlich und ausgelassen kreischten. Anfangs wußte ich gar nicht, wohin ich schauen sollte; die unaufhörliche Bewegung der Alten und Jungen schien mir sinn- und ziellos zu sein.

Als ich mich nach einigen Stunden daran gewöhnt hatte, inmitten einer so riesigen Pinguinenversammlung zu sein, zeichnete sich ein bestimmtes Schema ab. Als erstes merkte ich, daß die Bewegung in der Gesellschaft hauptsächlich den ausgewachsenen Vögeln zuzuschreiben war. Viele standen bei den Höhlen, offensichtlich auf Wachtposten bei den Jungen, während zahlreiche andere Pinguine zwischen ihnen hin und her watschelten, einige auf dem Wege zum Meer, andere von dort kommend. Die fernen Sanddünen waren gesprenkelt von den kleinen Gestalten, die entweder die steilen Hänge erklommen oder sie hinunterrutschten. Diese beständige Wanderung zum und vom Meer nahm die Pinguine den größten Teil des Tages in Anspruch, und sie stellte eine derartige Leistung dar, daß sie es verdient, genauer beschrieben zu werden. Indem wir die Gesellschaft während der drei Wochen, die wir dort verbrachten, Tag für Tag sorgfältig beobachteten, stellten wir fest, daß sich folgendes abspielte.

Früh am Morgen machte sich einer der Elternvögel – entweder das Männchen oder das Weibchen – auf den Weg zum Meer, während der andere als Hüter der Jungen zurückblieb. Um zum Meer zu gelangen, mußte der Vogel etwa zwei Kilometer über denkbar schwieriges Gelände zurücklegen. Zuerst mußten sich die Pinguine durch das ausgedehnte Netz der Höhlen und Mulden lavieren, und wenn sie sozusagen am Rande ihrer Stadt angekommen waren, sahen sie sich dem Wüstengebiet gegenüber, wo die Sonne den Sand zusammengebacken und aufgerissen hatte, sodaß der Boden wie ein riesiges Zusammensetzspiel aussah. Hier wurde der Sand schon ziemlich früh am Tage so heiß, daß es weh tat, ihn zu berühren; dennoch watschelten die Pinguine pflichtgetreu darüber, als ob sie in Trance wären; ab und zu blieben sie stehen, um auszuruhen. Diese Überquerung dauerte ungefähr eine halbe Stunde. Aber auf der anderen Seite der Sandwüste standen sie vor einem neuen Hindernis – vor den Dünen. Sie türmten sich über den winzigen Gestalten wie eine schneeweiße Kette des Himalajas auf, siebzig Meter hoch, und die steilen Hänge setzten sich aus feinem, lockerem Sand zusammen. Schon uns fiel es schwer, diese Dünen zu überwinden, folglich mußte es für einen so schlecht ausgerüsteten Bergsteiger wie den Pinguin noch viel schlimmer sein.

Am Fuß der Dünen schalteten sie gewöhnlich eine zehnminutige Ruhepause ein. Manche saßen einfach sin-

Junge Humboldtpinguine; sie tragen noch das Dunengefieder

nend da, andere fielen auf den Bauch und lagen keuchend am Boden. Nachdem sie sich ausgeruht hatten, erhoben sie sich rüstig auf die Füße und begannen den Aufstieg. Sie rafften sich zusammen und nahmen einen Anlauf, offensichtlich in der Hoffnung, die schlimmste Kletterei so schnell wie möglich hinter sich zu bringen. Dieser Schwung aber versiegte nach einem Viertel des Weges; das Weiterkommen verlangsamte sich, und sie ruhten immer häufiger aus. Da das Gefälle immer steiler wurde, waren sie schließlich gezwungen, sich auf den Bauch zu legen und hinaufzukriechen, wobei sie ihre Flügel zu Hilfe nahmen. Dann endlich erreichten sie mit einer letzten, wütenden Beschleunigung frohlockend den Gipfel, wo sie gerade aufgerichtet stehenblieben, begeistert mit den Flügeln schlugen und sich dann auf den Bauch warfen, um zehn Minuten auszuruhen. Sie hatten die Hälfte des Weges hinter sich gebracht, und während sie dort auf dem messerscharfen Dünenkamm lagen, konnten sie das Meer sehen, das ungefähr einen Kilometer entfernt kühl und verlockend glitzerte. Aber sie mußten immer noch auf der anderen Seite der Düne hinunter, mußten etwa einen halben Kilometer gestrüppbedecktes Land überqueren und dann einen mehrere hundert Meter breiten Kiesstrand, ehe sie das Meer erreichten.

Der Abstieg bot ihnen natürlich keine Schwierigkeiten; sie bewältigten ihn auf zweierlei Weise, die beide sehr lustig zu beobachten waren. Entweder spazierten sie die Düne hinunter, wobei sie sehr gelassen begannen und dann immer schneller wurden, je weiter sie kamen, bis sie höchst würdelos galoppierten; oder sie rutschten auf dem Bauch hinab, dabei ruderten sie mit Flügeln und Füßen, um den Körper über die Oberfläche des Sandes vorwärtszutreiben, genau wie beim Schwimmen. Mit beiden Methoden landeten sie in einer kleinen Sandlawine am Fuß der Düne, wo sie sich erhoben, sich schüttelten und grimmig durch das Gestrüpp dem Strand zuwatschelten. Dieser

Strand aber, die letzten hundert Meter des Weges, schien ihnen die größten Leiden zu bringen. Da war das Meer, das blau schimmerte und verführerisch ans Ufer plätscherte, und um es zu erreichen, mußten sie den müden Leib über den steinigen Strand schleppen, wo die Kiesel unter ihren Füßen knirschten und rutschten, sodaß die Pinguine aus dem Gleichgewicht gerieten.

Endlich war auch das überstanden. Die letzten paar Meter zum Rande des Wassers rannten sie in seltsam geduckter Haltung, dann richteten sie sich plötzlich auf und stürzten sich in das kühle Naß. Etwa zehn Minuten lang tummelten sie sich in sonnenglitzernden Kräuselwellen, wuschen sich Staub und Sand von Kopf und Flügeln, ließen die heißen, schmerzenden Füße glückselig im Wasser paddeln, wirbelten herum, verschwanden unter der Oberfläche und tauchten wie Korken wieder auf. Dann, nachdem sie sich erfrischt hatten, machten sie sich an die ernste Aufgabe des Fischens, ungeachtet der Tatsache, daß ihnen der ebenso schwierige Rückweg bevorstand, bevor die Beute den hungrigen Jungen abgeliefert werden konnte.

Hatten sie, angefüllt mit Fischen, die Rückwanderung über das heiße Gelände hinter sich, so mußten sie, bei der Gesellschaft angelangt, mit der hektischen Fütterung der gierigen Jungen beginnen. Diese Leistung ähnelte einer Mischung von Box- und Ringkampf, der faszinierend und lustig anzusehen war. Da gab es eine Familie, deren Höhle nahe bei der Stelle lag, wo wir den Landrover täglich parkten, und sowohl die Elternvögel als auch ihre Jungen gewöhnten sich so sehr an unsere Gegenwart, daß wir sie aus ungefähr sieben Meter Entfernung filmen und so jede Einzelheit des Fütterungsprozesses deutlich verfolgen konnten.

Wenn der erwachsene Pinguin glücklich zur Kolonie gelangt war, mußte er zwischen mehreren tausend Jungen Spießruten laufen, bevor er sein eigenes Nest erreichte.

Alle diese Jungen hegten die Überzeugung, sie könnten den alten Pinguin dazu bringen, die Nahrung, die er bei sich trug, von sich zu geben, wenn sie ihn anrempelten. So mußte er die Angriffe dieser dicken, flaumigen Jungvögel vermeiden, indem er wie ein geschickter Mittelstürmer auf dem Fußballplatz dahin und dorthin auswich. Meistens wurde er von zwei oder drei fremden Küken, die grimmig entschlossen waren, ihn zur Hergabe der Nahrung zu zwingen, bis zu seiner Höhle verfolgt. Daheim angelangt, verlor der Alte plötzlich die Geduld mit seinen Verfolgern, stellte sich ihnen entgegen und prügelte sie windelweich. So zornig hackte er auf sie los, daß große Flocken des flaumigen Kinderpelzes wie Distelwolle durch die Luft flogen.

Nachdem er die fremde Brut vertrieben hatte, wandte er seine Aufmerksamkeit den eigenen Kindern zu, die ihn jetzt auf gleiche Weise angriffen wie die andern und schrille Klageschreie des Hungers und der Ungeduld hervorstießen. Er hockte sich beim Eingang zur Höhle nieder, starrte nachdenklich auf seine Füße und machte Bewegungen, als ob er einen Schluckauf ersticken wollte. Wenn die Jungen das sahen, steigerten sie sich in wilde Vorfreude hinein, wimmerten flehentlich, schlugen außer sich mit den Flügeln, drängten sich eng an den Körper des Alten, streckten den Schnabel in die Höhe und schlugen klappernd an den Schnabel des Ernährers. Das dauerte etwa dreißig Sekunden, und dann erbrach sich der Alte plötzlich heftig – mit einem Ausdruck der Erleichterung – und bohrte seinen Schnabel so tief in den Schlund der Jungen, daß man überzeugt war, er könnte seinen Kopf nie mehr herausziehen. Die kleinen Pinguine, die durch die Übergabe des ersten Ganges anscheinend nicht durchbohrt worden waren, hockten sich zufrieden auf ihre fetten Hinterteile und meditierten eine Weile. Der Alte benutzte die Gelegenheit, schnell Toilette zu machen, putzte sich sorgfältig die Brustfedern, pickte winzige Schmutzteilchen von seinen Füßen und ließ den Schnabel mit scherenartiger Bewegung über die Flügel gleiten. Dann gähnte er, indem er sich vorbeugte, als ob er seine Zehen berühren wollte, die Flügel hinter sich gerade ausstreckte und den Schnabel weit öffnete. Darauf versank er in den gleichen trancehaften Zustand wie seine Kinder. Alle verhielten sich ungefähr fünf Minuten lang still, dann begann der Alte plötzlich wieder zu würgen, und sofort brach der Tumult los. Die Kleinen schraken aus ihrer Träumerei auf und stürzten sich auf den Alten; jeder bemühte sich nach Kräften, als erster zu der Nahrungsquelle zu gelangen. Abermals wurde jeder von ihnen vom Schnabel des Alten anscheinend bis ins Herz getroffen, und dann versanken sie wiederum in den schlafähnlichen Zustand.

Der Pinguinenfamilie, die wir bei der Fütterung der Jungen filmten, gaben wir der Bequemlichkeit halber den häufigsten englischen Namen, nämlich Jones. Ganz nahe bei der Wohnung der Familie Jones war ein Gelege, das nur ein einziges kleines und sehr unterernährt aussehendes Küken enthielt, das wir Henrietta Vacanttum nannten. Henrietta war das Produkt eines unglücklichen Familienlebens. Ihre Eltern waren meines Erachtens entweder schwachsinnig oder ganz einfach faul, denn sie brauchten doppelt so lange wie andere Pinguine, um für Henrietta Nahrung zu beschaffen, und dann nur in so geringen Mengen, daß sie immerzu Hunger litt. Auch das schlechtgebaute Nest bewies die Nachlässigkeit der Eltern; es war nur eine flüchtig gekratzte Mulde, kaum tief genug, um Henrietta vor den Unbilden der Witterung zu schützen, ganz im Gegensatz zu der tiefen, sorgsam ausgegrabenen Villa-Residenz der Familie Jones. Kein Wunder also, daß Henrietta einen ausgehungerten, ungepflegten Eindruck machte, sodaß sie uns mit ihren großen Augen sehr leid tat. Sie war immerzu auf dem Ausguck nach Nahrung, und da die Eltern Jones auf dem Wege zu ihrem eigenen ordentlichen Heim an Henriettas Haustür vorbeikommen mußten, unternahm sie stets tapfere Ausfälle, um sie zur Herausgabe der Nahrung zu bringen, bevor sie zu Hause anlangten. Diese Bemühungen waren im allgemeinen vergeblich, und für alle ihre Anstrengungen erhielt Henrietta nichts anderes als einen strengen Schnabelhieb, der ihren Flaum in großen Wolken fliegen ließ. Verstimmt zog sie sich zurück, und mit gierigen Augen sah sie zu, wie die beiden abstoßend fetten Jones-Kinder ihr Futter verschlangen. Eines Tages aber fand Henrietta zufällig Mittel und Wege, wie sie die Nahrung der Familie Jones ohne unangenehme Vergeltungsmaßnahmen stibitzen konnte. Sie wartete, bis Vater oder Mutter Jones mit den würgenden Bewegungen als dem Auftakt zum Erbrechen begann und die kleinen Jones mit flappenden Flügeln wimmernd umherturnten, und dann gesellte sie sich im entscheidenden Augenblick zu der Gruppe, indem sie sich dem großen Pinguin vorsichtig von hinten näherte. Dann schob sie den Kopf, laut jammernd und den Schnabel weit öffnend, ihm entweder über die Schulter oder unter seinem Flügel durch, wobei sie jedoch sorgsam hinter ihm blieb, damit sie nicht erkannt wurde. Die Eltern Jones, die von den aufgesperrten Schnäbeln ihrer Brut gehetzt wurden und ganz davon in Anspruch genommen waren, ein Pfund Garnelen hervorzuwürgen, merkten in dem allgemeinen Durcheinander anscheinend nicht, daß da plötzlich ein dritter Schnabel erschien. Und wenn dann der große Augenblick kam, steckten sie den Kopf in den ersten aufgesperrten Schnabel, der sich ihnen bot, etwa mit der leicht verzweifelten Miene eines Flugzeugpassagiers, der beim fünfzigsten Luftloch nach seiner Tüte greift. Erst wenn der letzte Krampf verebbt war, sodaß sich die Eltern Jones mit äußeren Dingen befassen konnten, merkten sie, daß sie fremde Brut gefüttert hatten, und dann mußte Henrietta auf ihren großen

Plattfüßen recht flink sein, um dem Zorn zu entrinnen. Aber auch wenn sie nicht entwischte, sondern wegen ihrer Frevelhaftigkeit verprügelt wurde, schien ihre selbstgefällige Miene anzudeuten, daß es sich gelohnt hatte.

Aufmerksamen Zoobesuchern fällt es gewiß auf, daß man einige Pinguinarten nur hinter Glas besichtigen kann, während andere im Freien beobachtet werden können. Der Grund: Nicht alle Pinguine leben in Eis und Schnee; sie ertragen unsere Klimaverhältnisse, ohne krank zu werden. Die in der Geschichte erwähnten Pinguine zählen zur Gruppe der Magellanpinguine, und diese Pinguine lassen sich bei uns im Freien halten. Die Bewohner der antarktischen und subantarktischen Zonen sind demgegenüber viel empfindlicher und reagieren auf die bei uns häufig auftretenden Temperaturschwankungen mit schweren Erkrankungen. Aber nicht nur krasse Temperaturschwankungen machen den Pinguinen zu schaffen; auch unsere verseuchte Luft bringt ihnen Probleme. Wenn sie unsere Luft einatmen, geraten Schimmelpilze in ihre Atemwege, und sie gehen an der gefürchteten Aspergillose ein. Die Großpinguine – Kaiser- und Königspinguine – müssen deshalb hinter Glas gehalten werden, da sie nur auf diese Art gereinigte Luft zu atmen bekommen.

Manche Leute sprechen vom »Fell« der Pinguine. Sie wissen nicht, daß die Pinguine eine Fülle kleiner Federn tragen, die dachziegelartig übereinanderliegen und so den Eindruck eines glatten Fells machen. Einmal im Jahr kann man sich davon überzeugen, daß Pinguine tatsächlich ein Federkleid tragen. Pinguine machen nämlich eine »Vollmauser« durch, und dann sitzen sie ganz zerzaust inmitten eines Federnhaufens und rühren sich kaum vom Fleck. Trotzdem sind sie nicht nackt wie eine gerupfte Gans; das wäre bei niederen Temperaturen ihr Tod. Unter den alten Federn haben sich schon längst neue gebildet, und deshalb gibt es nie nackte Pinguine – trotz der sogenannten »Katastrophenmauser«.

Aus unserer Pinguingeschichte kann man einige Einzelheiten über die Lebensweise der Magellanpinguine erfahren, die im südlichen Südamerika, in Patagonien und auf den Falklandinseln, leben. Berichte, die von Freilandbiologen stammen, werden von den Tiergartenbiologen eingehend studiert, denn nur so erfuhren sie zum Beispiel, welche Pinguine Nisthilfen brauchen – künstliche Höhlen für Brillenpinguine, kleine Steinchen für die Adeliepinguine – und welche nicht: die Großpinguine kommen ohne Nest aus, denn sie nehmen ihr einzelnes Ei einfach auf den Fußrücken und stülpen ihre Bauchfalte darüber.

Zur Zeit unterscheidet man 18 Pinguinarten, die man in 6 Gattungen einteilt. Die typischen Pinguine des antarktischen Festlands sind der Kaiser- und der Adeliepinguin – also ausgesprochen »frostharte« Tiere; im Gegensatz dazu stehen die Galapagospinguine und die Humboldtpinguine – Bewohner der tropischen Zone. Die Pinguine wurden schon vor einigen hundert Jahren entdeckt, der Magellanpinguin zum Beispiel während Magellans Weltumsegelung 1520; man hat das unbekannte Tier als »sonderbare Gans« bezeichnet.

Obwohl man die Pinguine heute nicht mehr abschlachtet, um aus ihnen Öl zu gewinnen, haben sich zum Beispiel die Bestände der Königspinguine noch nicht normalisiert, und nur wenigen Zoos ist es gelungen, sie zu züchten. Deshalb wird über jedes Tier, das zu wissenschaftlichen Zwecken der freien Natur entnommen wird, streng Buch geführt, und im Zoo ist man immerfort bemüht, die Haltungsmaßnahmen für Pinguine zu verbessern.

Magellanpinguin (Spheniscus magellanicus)
Der Magellanpinguin aus der Gattung der Brillenpinguine lebt an der West- und Ostseite der Südspitze Südamerikas. Er wird ca. 65 cm hoch und 4 kg schwer. – Die 18 Pinguinarten, die man kennt, werden in 6 Gattungen unterteilt: Aptenodytes-»Flügelloser Taucher«, Pygoscelis-,,»Steißfüßer«, Spheniscus-»Keilförmig«, Eudyptes-»Guter Taucher«, Megadyptes-»Großer Taucher«, Eudyptula-»Kleiner Guter Taucher«.

GERALD DURRELL

Auf der Halbinsel Valdés

Nachdem wir an die zehn Tage damit verbracht hatten, die Mähnenrobben zu filmen, beschloß ich, wenn auch widerstrebend, diese schönen und faszinierenden Tiere zu verlassen. Wir mußten nämlich weiter, wenn wir die Elefantenrobben finden wollten, bevor sie sich auf ihre Wanderung südwärts begaben.

In den folgenden vier Tagen fuhren wir auf der Halbinsel kreuz und quer, immer auf der Suche nach der *elefantería.* Dabei sahen wir ein vielfaches Wildleben, aber keine Elefantenrobben.

Ich war erstaunt und entzückt über die Zahl der Geschöpfe, die wir auf der Halbinsel Valdés erblickten. Wenn ich daran dachte, daß nur wenige Kilometer jenseits der Landenge meilenweites Dornbuschland lag, durch das wir gefahren waren, ohne ein einziges Lebewesen zu sehen, kam es mir geradezu unglaublich vor, daß es hier plötzlich Leben in Hülle und Fülle gab. Es war fast, als bildete die Halbinsel mit ihrem schmalen Isthmus eine Sackgasse, in die sich das ganze Wildleben von Chubut ergossen hatte und aus der es kein Entweichen mehr gab. Ich wünschte, es wäre der argentinischen Regierung möglich, Valdés zu einem Naturschutzgebiet zu erklären, denn dafür scheint die Halbinsel geschaffen zu sein. Erstens hat man hier einen wunderbaren Querschnitt der patagonischen Fauna auf ein verhältnismäßig kleines Gebiet beschränkt, sodaß man einen guten Überblick erhält. Zweitens läßt sich das ganze Gebiet mühelos überwachen, da es ja durch die Landenge mit dem Festland verbunden ist, sodaß man kontrollieren kann, wer die Halbinsel betritt und verläßt. Es wäre also gar nicht schwierig, jene »Sportsleute« im Auge zu behalten (die es überall auf der Welt gibt), denen es Spaß machen würde, den Guanako in schnellen Autos zu jagen und die Robbenbullen mit grobem Schrot zu durchlöchern. Die Tatsache, daß die Halbinsel in mehrere große Schaffarmen aufgeteilt ist, hat meiner Ansicht nach keine große Bedeutung. Freilich, Guanako und Fuchs werden geschossen, der Guanako, weil er angeblich Weideland abgrast, das den Schafen vorbehalten bleiben sollte; der Fuchs, weil er groß genug ist, Lämmer und Hühner zu reißen. Doch obwohl diese beiden Tiere die *estancias* gegen sich hatten, schienen sie, als wir dort waren, häufig vorzukommen. Vorausgesetzt, die Schafzüchter lassen Vernunft walten, könnte meines Erachtens das Gleichgewicht zwischen den Haustieren und den freilebenden Tieren bestehen bleiben. Wenn die Halbinsel jetzt zum Naturschutzpark erklärt würde, könnte sie zu einem recht wertvollen Anziehungspunkt für Touristen werden, sobald Südargentinien weiterhin erschlossen ist (und das scheint ohnehin unvermeidlich zu sein) und Straßen gebaut werden, die den Zugang nach Valdés erleichtern.

Auf unserer Suche nach der *elefantería* erforschten wir einen großen Teil der Halbinsel. Der Vogel, den wir am häufigsten sahen, war zweifellos das Perlsteißhuhn aus der Familie der Seetaucher. Es ist ein rebhuhnähnlicher Vogel mit breitem Leib, ungefähr so groß wie ein Zwerghuhn. Sein Gefieder spielt in herbstlichbraunen Farben, gefleckt und gestreift mit goldenen, gelben und elfenbeinfarbenen Tönen in entzückendem verwickeltem Muster. Am hellen Kopf heben sich zwei schwarze Streifen ab; der eine verläuft vom Augenwinkel zum Hals, der andere von der Wurzel des Schnabels zum Hals. Auf dem Kopf hat er einen hohen dunklen Federschopf, der sich wie ein Halbmond wölbt. Er hat große dunkle Augen und macht im allgemeinen den Eindruck unschuldiger Hysterie.

Perlsteißhühner waren überall an den großen Straßen in

Männlicher See-Elefant in Droh- oder Imponierhaltung

kleinen Gruppen zu fünft bis zehnt zu sehen. Lächerlich zahm standen sie mitten auf der Straße, sahen den Landrover mit großen Augen herankommen, nickten mit dem Kopf, sodaß der ulkige Schopf zuckte und flatterte, und dachten nicht daran, sich zu rühren, bis man einige Meter von ihnen entfernt die Geschwindigkeit verringerte und hupte. Dann reckten sie den Hals und senkten den Kopf, als ob sie auf dem Boden etwas Verlorenes suchten, und trippelten endlich ins Gebüsch. Sie flogen sehr ungern, und um sie dazu zu bringen, mußte man sie über beträchtliche Entfernungen durchs Dickicht verfolgen. Wenn sie dann das Gefühl hatten, daß man ihnen allzu nahe kam, warfen sie sich mit einer gewissen Verzweiflung in die Luft. Es war ein seltsamer, mühsamer Flug, ähnlich dem eines Vogels, der nie gelernt hat, seine Flügel richtig zu benutzen. Sie schlugen vier- bis fünfmal aufgeregt mit den Flügeln und schwebten dann dahin, bis der dicke Körper sie fast wieder zur Erde zog; hierauf schlugen sie erneut wild mit den Flügeln und schwebten ein Stückchen weiter. Während sie flogen, rief der Wind in ihrem Gefieder einen sonderbaren Klageton hervor, der beim Flügelschlagen und Gleiten flötenartig stieg und fiel.

Ihre Vorliebe für die Benutzung der Straßenmitte beruhte meiner Ansicht nach auf der Tatsache, daß sie sich nur auf dieser kahlen Erdoberfläche das beste Staubbad schaffen konnten. An vielen Stellen hatten sie recht tiefe Einbuchtungen in die rote Erde gescharrt; dort konnte man drei oder vier stehen sehen, die geduldig warteten, bis sie an die Reihe kamen, während sich ein Mitglied des Volkes grotesk in der Badewanne wälzte, mit den Füßen scharrte und mit den Flügeln schlug, um sich Staub über den Körper zu werfen.

Diese hübschen Vögel haben ihr Gelege natürlich am Boden, und vermutlich bilden sie selbst, ihre Eier und ihre Küken einen wichtigen Bestandteil der Nahrung für die fleischfressenden Säugetiere auf der Halbinsel, vor allem für den Pampasfuchs, den häufigsten Räuber auf Valdés. Diese Füchse sind schlanke, graue, zierliche kleine Tiere mit unglaublich dünnen und gebrechlich aussehenden Beinen. Sie scheinen bei Tage ebenso wie bei Nacht zu jagen, gewöhnlich sah man sie paarweise. Sie huschten plötzlich vor uns über die Straße, die wir entlangfuhren; die buschige Standarte wehte hinter ihnen her wie eine graue Rauchwolke, und wenn sie auf der anderen Straßenseite angelangt waren, hielten sie schlitternd inne und taten sich auf den Keulen nieder, um uns einer schlauen Prüfung zu unterziehen.

An einem unserer Lagerplätze stattete uns ein Fuchspaar einen Besuch ab – das einzige Tier außer dem Guanako, das sich uns näherte. Es ging auf fünf Uhr morgens zu, und von meinem Lager unter der Hinterachse des Landrovers sah ich zu, wie sich der Himmel grün färbte, während ich wie gewöhnlich Mut sammelte, um meine warmen Decken zu verlassen und Feuer fürs Frühstück zu machen.

Plötzlich erschienen die beiden Füchse aus dem gelben Gebüsch so unerwartet und leise wie Gespenster. Vorsichtig näherten sie sich dem Lager, mit der Verschwörermiene zweier Schulknaben, die einen Diebstahl im Obstgarten planen; immer wieder schalteten sie eine Pause ein, um in den Morgenwind zu wittern. Zu meinem Glück schnarchte in diesem Augenblick niemand. Ich weiß nämlich aus Erfahrung, daß es kein wirksameres Abschreckmittel für freilebende Tiere gibt als drei Frauen, die in einem Landrover in verschiedenen Tonarten schnarchen.

Nachdem die Füchse das Lager unangefochten umkreist hatten, wurden sie kühner. Sie rückten zur Asche des Feuers vor, schnüffelten ausgiebig daran und erschreckten dann einander, indem sie heftig niesten. Sobald sie sich von diesem Schrecken erholt hatten, setzten sie ihre Untersuchung fort und fanden eine leere Sardinenbüchse, die sie nach kurzem Zank sauberleckten. Ihre nächste Entdeckung war eine große Rolle rosa Toilettenpapier, einer der wenigen Luxusartikel in unserer Ausrüstung. Es erwies sich als ungenießbar; doch dann stellten sie fest, daß es sich auf höchst befriedigende Weise aufrollte, wenn man es munter bepfotete. So tanzten und wirbelten sie während der nächsten zehn Minuten auf ihren schlanken Beinen herum, schleuderten die Papierrolle hin und her, nahmen bisweilen ein Stück der Papierschlange ins Maul und sprangen zierlich in die Luft; wenn sie zur Erde zurückkehrten, hatten sie sich in das Papier verwickelt.

Dieses Spiel wurde so lautlos und anmutig betrieben, daß es entzückend anzusehen war. Die wendigen Körper hoben sich vom grünen Himmel, von den gelbblühenden Sträuchern und dem rosa Papier ab. Das ganze Lager erhielt eine fröhliche Karnevalsnote, aber plötzlich gähnte jemand herzhaft im Landrover. Sofort erstarrten die Füchse; dem einen hing ein Stück Papier aus dem Maul. Das laute Gähnen wiederholte sich, worauf die Füchse ebenso leise verschwanden, wie sie gekommen waren. Als Andenken an ihren Besuch flatterten rosa Papierschlangen im Winde.

Sehr häufig sahen wir auch den Darwins-Strauß, eine Art der Gattung Nandu. Diese Vögel waren kleiner als die nordargentinischen Nandus, zierlicher gebaut und von hellerem Perlgrau. Meistens traten sie in kleinen Scharen von fünf oder sechs auf, und oft sahen wir sie mit einer Guanakoherde durchs Gebüsch ziehen. Den schönsten Anblick, den wir auf der Halbinsel genossen, bildete eine Herde von sechs Guanakos mit drei anmutigen zimtfarbenen Jungen, die langsam durch das goldene Gesträuch trabten; begleitet von vier Darwins-Straußen, die einen Schwarm von zwölf Jungen vor sich hin trieben; jedes trug sein gestreiftes Kindergefieder, sodaß sie aussahen wie eine Reihe dicker kleiner Wespen, die nahe bei den großen Füßen der Eltern dahinrannten. Während die kleinen

Nandus brav und ordentlich wie eine Schulklasse hintereinander gingen, gebärdeten sich die kleinen Guanakos entschieden weniger diszipliniert; sie vollführten zwischen den Erwachsenen aufgeregte, kühne und verwickelte Sprünge. Der eine machte einen so schwierigen Luftsprung, daß er gegen einen ausgewachsenen Nandu prallte und zur Strafe einen heftigen Tritt in den Bauch erhielt, worauf er sehr kleinlaut und still hinter seiner Mutter dreintrabte.

Wurden die Nandus nicht gestört, so schritten sie in königlicher Haltung dahin. Manchmal aber trafen wir sie, wenn sie gerade auf der Straße waren, und dann gab es sofort eine Panik. Anstatt ins Gebüsch abzuschwenken, preschten sie in wirrem Haufen die Straße entlang; sie rannten mit der eleganten Anmut wettkämpfender Läufer. Je näher der Landrover ihnen kam, desto mehr beschleunigten sie die Geschwindigkeit; sie senkten den langen Hals bodenwärts, und ihre Füße flogen bei jedem Schritt so hoch, daß sie beinahe den Kopf berührten.

Ein Nandu, mit dem ich auf diese Weise einen Wettlauf vollführte, rannte einen Kilometer weit, knapp vor der Haube des Landrovers, mit einer Durchschnittsgeschwindigkeit von vierzig bis fünfzig Stundenkilometer.

Wenn man sie beträchtliche Zeit verfolgt hatte, kam es ihnen endlich in den Sinn, daß ihnen das Gebüsch mehr Schutz bieten könnte. So legten sie plötzlich noch mehr Tempo vor, breiteten mit graziöser Bewegung die hellen Flügel aus und schwenkten mit tänzerischer Anmut von der Straße ab. Schließlich verschwanden sie hüpfend in der Ferne.

Die Darwins-Strauße haben wie der Pampasstrauß des Nordens gemeinsame Gelege, das heißt, mehrere Weibchen legen ihre Eier in ein einziges Nest. Das Nest wird nur flüchtig in den Boden gescharrt und mit etwas dürrem Gras oder ein paar Zweigen ausgepolstert. In einem Nest kann man bis zu fünfzig Eier finden. Bei allen Nandus übernimmt das Männchen die harte Arbeit, die Eier auszubrüten und die Küken aufzuziehen. Die glänzenden Eier haben zuerst eine feine grüne Farbe, aber die der Sonne zugekehrte Seite verblaßt bald, anfangs zu stumpffleckigem Grün, dann wird sie gelblich, dann hellblau und weiß.

Noch ein Tier, das häufig vorkommt, trafen wir oft auf der Straße, nämlich den borstigen Armadill, auch Sechsbindengürteltier genannt. Wir sahen die Gürteltiere tags ebenso oft wie nachts, am meisten aber gegen Abend in den Strahlen der untergehenden Sonne; dann trotteten sie heftig schnüffelnd über die Straße hin und her. Sie sahen aus wie seltsames aufziehbares Spielzeug, denn ihre Beinchen bewegten sich so schnell, daß sie unter dem platten Panzer nur einen verwischten Fleck bildeten. Der Rücken war ziemlich stark behaart; aber ich glaube nicht, daß dieses lange, grobe weiße Haarkleid sie vor der Winterkälte zu schützen vermag. Meines Erachtens halten sie in den kalten Monaten Winterschlaf, denn zu fressen können sie wohl nichts finden, da der Erdboden metertief gefriert.

Alle Gürteltiere, die wir fingen, hatten eine sehr dicke Fettschicht, und das hellrosa, stark gerunzelte Bäuchlein war stets prall gefüllt mit Nahrung. Ihre Hauptnahrung muß aus Käfern und deren Larven bestehen, außerdem aus den Eiern und Küken der Vögel, die wie das Perlsteißhuhn ihr Gelege am Boden haben; manchmal haben sie das Glück, auf einen Schaf- oder Guanakokadaver zu stoßen.

Wenn sie am Ufer munter an der Flutlinie entlangtrotteten, sahen sie wie kleine, rundliche Beamte aus, die in einem Badeort die gesunde Meeresluft einatmen; allerdings verdarben sie dieses Bild mitunter, indem sie stehenblieben, um sich an einer toten Krabbe zu erlaben.

Natürlich war es fesselnd, dieses Wildleben zu beobachten, aber dadurch wurden wir unserem eigentlichen Ziel, den Elefantenrobben, nicht näher gebracht. Mittlerweile hatten wir ein ziemlich großes Gebiet der Küste erfolglos durchstreift, und ich dachte schon, wir wären zu spät gekommen und die Elefantenrobben zögen bereits südwärts nach Feuerland und zu den Falklandinseln. Doch gerade als ich die Hoffnung aufgegeben hatte, entdeckten wir eine *elefantería,* von der uns niemand erzählt hatte. Es war reines Glück, daß wir sie fanden. Wir wanderten eine recht hohe Klippe entlang, wo wir alle fünfhundert Meter stehenblieben, um den Strand unten nach Lebewesen abzusuchen. Als wir um eine kleine Landspitze herumkamen, sahen wir auf einmal eine Bucht, wo der Strand am Fuß der Klippe von wirren Felsmassen bedeckt war. Manche Steinblöcke waren so groß, daß wir von unserem Standort aus nicht erkennen konnten, ob sie etwas verbargen; deshalb suchten wir eine Abkürzung, bis wir einen rauhen Pfad fanden, der zum Strand hinunterführte.

Der Strand bestand aus gefleckten Kieseln; jeder Stein war vom Meer so blankgeschliffen, daß er in der Abendsonne glänzte. Die Felsblöcke, manche so groß wie ein Sommerhaus, lagen willkürlich verstreut am Strand. Einigen dieser grauen und gelblichbraunen Felsen hatten Wind und Meer so gespenstische Formen verliehen, daß es keine geringe Anstrengung bedeutete, sie zu überklettern, zumal wir mit Kameras und Ausrüstung beladen waren. Wir mühten uns eine Strecke weit zwischen den Felsen hindurch und über sie hinweg, und dann entschieden wir, daß wir etwas essen müßten. Wir wählten einen Felsblock, dessen Form einen natürlichen Sitz ergab, ließen uns nieder und packten Nahrungsmittel und Wein aus. Da ich inzwischen die Überzeugung hegte, daß es in meilenweiter Ferne keine Elefantenrobben gab, war ich sehr niedergedrückt und ärgerte mich, weil ich mich so lange bei den Mähnenrobben aufgehalten hatte.

»Nun, vielleicht finden wir sie morgen«, sagte Jacquie beschwichtigend und reichte mir ein belegtes Brot, an dem drei Viertel der patagonischen Erde zu kleben schienen.

»Nein«, entgegnete ich und betrachtete mißbilligend das Brot, fest entschlossen, mich nicht trösten zu lassen, »sie sind jetzt nach Süden gezogen. Sie haben ihre Jungen bekommen und diese Gegend verlassen. Wäre ich nicht so lange bei den verfluchten Mähnenrobben geblieben, so hätten wir sie vielleicht noch getroffen.«

»Es ist deine eigene Schuld«, erklärte Jacquie logischerweise. »Ich sagte dir immerzu, du hättest die Mähnenrobben längst genug gefilmt, aber jedesmal wolltest du unbedingt noch einen Tag bleiben.«

»Ich weiß«, gab ich düster zurück. »Aber sie waren so wunderbar, daß ich mich von ihnen nicht losreißen konnte.«

Marie ergriff mit der Miene eines Menschen, der aus einer Katastrophe das Beste machen will, eine Flasche Wein, und als der Korken knallte, stieß ein dicker, länglicher, eiförmiger Felsblock in vier Meter Entfernung einen tiefen kummervollen Seufzer aus, schlug zwei große, sanfte, klare Augen von tiefstem Schwarz auf und schaute uns friedlich an.

Nachdem sich der Felsblock so als eine Elefantenrobbe offenbart hatte, wunderte man sich, wieso man ihn jemals für etwas anderes gehalten hatte, und nach näherer Betrachtung der Umgebung zeigte es sich zu unserer Freude, daß wir tatsächlich neben zwölf Riesentieren saßen, die alle ruhig weitergeschlafen hatten, während wir herbeigekommen waren und wie Ausflügler an einem Badeort unser Essen ausgepackt hatten. Sie ähnelten so sehr den Felsen, zwischen denen sie lagen, daß ich mich fragte, ob wir wohl bei unserer Suche schon an anderen Gruppen vorübergegangen waren. Nach der Bekanntschaft mit den Mähnenrobben hatte ich mir die *elefantería* lärmig und lebhaft vorgestellt. Statt dessen lagen die Tiere faul am Strand und entfalteten nicht mehr Lebhaftigkeit als Schachspieler in einem Türkischen Bad.

Wir wanderten zwischen den großen Schläfern umher und stellten fest, daß es drei Männchen, sechs Weibchen und drei Junge waren. Die Jungen waren ungefähr zwei Meter lang, die Weibchen zwischen vier und fünf. Das größte Maß blieb den Männchen vorbehalten. Zwei junge Bullen waren etwa sechs Meter lang, der dritte, ein voll erwachsener Bulle, hatte eine Länge von sieben Meter.

Dieser Bulle war ein prachtvolles Tier mit mächtigem, tonnenartigem Leib und großer Trinkernase. Er lag auf den glänzenden Kieseln wie ein kolossaler Kittklecks; ab und zu schnaufte er tief, sodaß seine Nase wie Gelee wabbelte, oder er wachte mitunter genügend auf, um sich mit der einen Flosse ein paar feuchte Steine auf den Rücken zu werfen. Seine Friedfertigkeit uns Eindringlingen gegenüber war erstaunlich; wir näherten uns ihm nämlich auf ein bis zwei Meter, um ihn zu messen und Aufnahmen zu machen; und er schlug bloß die Augen auf, betrachtete uns verträumt und sank wieder in Schlaf.

Für mich war dies ein außerordentliches Erlebnis. Andere Menschen wünschen sich vielleicht glühend, den Schiefen Turm von Pisa zu sehen, Venedig zu besuchen oder vor ihrem Tode die Akropolis zu bewundern. Ich hingegen hatte mir gewünscht, eine lebende Elefantenrobbe in ihrer natürlichen Umgebung zu sehen, und hier war ich nun, aß belegte Brote neben einem solchen Tier, das aussah wie ein kleiner Fesselballon, der aus unerfindlichen Gründen mit Teig gefüllt ist. Mit einem belegten Brot in der einen Hand und einer Stoppuhr in der anderen prüfte ich seinen Atem, der zu den vielen bemerkenswerten Eigenschaften der Elefantenrobbe gehört.

Die Elefantenrobben atmen während fünf Minuten ziemlich regelmäßig etwa dreißigmal, und dann setzt ihr Atem fünf bis acht Minuten lang aus. Wahrscheinlich ist ihnen das im Wasser von großem Nutzen, denn wenn sie an der Oberfläche eingeatmet haben, können sie hernach lange

Zeit unter Wasser bleiben, ohne aufsteigen und sich die Lungen neu füllen zu müssen.

Ich war so hingerissen von dem Erlebnis, in Reichweite dieser gigantischen und phantastischen Tiere zu sein, daß ich den andern einen Vortrag über die Elefantenrobbe hielt.

»Sie hat einen erstaunlich tiefen Schlaf. Wißt ihr, daß ein Zoologe einmal tatsächlich hinging und sich auf einen See-Elefanten legte, ohne ihn zu wecken?«

Jacquie betrachtete das Riesentier vor uns. »Lieber er als ich«, antwortete sie.

»Anscheinend sind die Weibchen erst mit zwei Jahren geschlechtsreif. Auch die Entwicklung der Jungen im Mutterleib verzögert sich, das heißt, der Samen wird verschieden lange Zeit im Körper gespeichert, bevor er sich entwickeln darf. Die Jungen dort drüben sind dieses Jahr zur Welt gekommen. Folglich können sie erst . . .«

»In diesem Jahr?« unterbrach mich Jacquie erstaunt. »Ich dachte, sie wären ungefähr ein Jahr alt.«

»Nein, ich würde sagen, sie sind vier bis fünf Monate alt.«

»Wie groß sind sie denn bei der Geburt?«

»Oh, ungefähr halb so groß, nehme ich an.«

»Du lieber Gott!« rief sie nachdrücklich. »Man stelle sich vor, ein so großes Geschöpf zur Welt zu bringen.«

»Siehst du wohl«, sagte ich, »es gibt also Wesen, die es noch schwerer haben als ihr Frauen.«

Wie in Übereinstimmung mit meinen Worten stieß der Bulle einen tiefen, herzzerreißenden Seufzer aus.

»Wißt ihr, daß der Darm eines erwachsenen Bullen bis zu dreiundzwanzig Meter messen kann?«

»Nein, das wußte ich nicht«, erwiderte Jacquie, »und ich glaube, wir würden unsere Butterbrote mehr genießen, wenn du uns mit weiteren Geheimnissen ihrer inneren Anatomie verschontest.«

»Ich dachte, es würde dich interessieren.«

»Es interessiert mich auch«, sagte Jacquie, »aber nicht, wenn ich esse. Derartige Belehrungen empfange ich lieber zwischen den Mahlzeiten.«

Hat man sich erst einmal an die unglaubliche Größe der Elefantenrobben gewöhnt, so fallen einem mehrere Dinge unmittelbar auf. Als erstes natürlich ihr lächerliches Hinterteil. Die Mähnenrobbe hat gut entwickelte Hinterbeine, sodaß sie sich auf allen vieren erheben und fortbewegen kann. Bei der Elefantenrobbe hingegen sind die hinteren Gliedmaßen klein und ziemlich nutzlos, und die Flossen sehen aus, als ob das Tier am Hinterteil zwei leere Handschuhe hätte. Wenn sich das Tier bewegt, kommt die ganze Antriebskraft von den Vorderflossen, und es ist peinvoll anzusehen, wie schwerfällig und langsam das massige Hinterteil nachrutscht.

Unter der Herde variierten die Farben beträchtlich. Der alte Bulle hatte ein tiefes Schiefergrau, da und dort hübsch mit Grün gesprenkelt, wo anscheinend Meeresalgen auf seiner dicken Haut wuchsen. Das Grau der jungen Bullen und der Kühe war viel heller. Die Jungen waren nicht kahl und ledrig wie ihre Eltern, sondern hatten ein feines Fell von mondweißen Haaren, dicht und kurz wie Plüsch. Die ausgewachsenen Tiere hatten überall so viele Falten und Runzeln, daß sie aussahen, als brauchten sie eine tüchtige Mahlzeit, um sich etwas besser auszustopfen. Die Jungen hingegen waren so rund und prall, als wären sie soeben aufgepumpt worden und müßten, wenn sie sich nicht in acht nähmen, wie Ballone in die Luft fliegen.

Vom filmischen Standpunkt aus bot die Kolonie der Elefantenrobben, gelinde gesagt, Schwierigkeiten. Die Tiere wollten ja nur schlafen. Von irgendwelcher Bewegung war keine Rede, denn sie öffneten und schlossen beim Atmen nur die großen Nüstern, und der eine oder andere schaufelte sich Steinchen auf den Rücken; aber da dies immer ganz unversehens geschah, nahm es einige Zeit in Anspruch, eine solche Bewegung auf den Film zu bannen. Bisweilen rutschte eine Robbe mit festgeschlossenen Augen ein Stückchen vorwärts, wobei sie sich mit dem Rüssel wie ein Bulldozer durch das Geröll bohrte.

Als ich alle diese Tätigkeiten glücklich gefilmt hatte, fand ich, daß die Elefantenrobben sich noch immer nicht von ihrer vorteilhaftesten Seite zeigten; es fehlte an bewegungsmäßiger Handlung, die ja für das Bild auf der Leinwand die Hauptsache ist.

Zu den außergewöhnlichen Eigenschaften dieser Robben gehört die Geschmeidigkeit des Rückgrats. Trotz ihrer Unförmigkeit und ihrem unmäßigen Speck können sie sich wie ein Reifen rückwärts biegen, bis der Kopf den erhobenen Schwanz berührt. Wie aber sollte ich sie dazu bringen, das für meinen Film zu zeigen, wenn sie allesamt so apathisch wie Opiumraucher dalagen? Diese Frage blieb mir rätselhaft.

Doch endlich hatten wir bei dem alten Bullen Erfolg, indem wir ihm ganz einfach Kies auf den Schwanz warfen. Die erste Handvoll veranlaßte ihn, sich ein wenig zu regen und tief zu seufzen, ohne daß er die Augen öffnete. Beim zweiten Wurf machte er die Augen auf und schaute uns mit milder Überraschung an. Beim dritten hob er den Kopf, rümpfte die Nase, sodaß sie sich wie eine Ziehharmonika faltete, riß das Maul auf und stieß ein zischendes Gebrüll aus. Dann legte er sich wieder hin, wie erschöpft infolge dieser Anstrengung, und schlief weiter.

Mit der Zeit aber ging ihm unser Bombardement auf die Nerven. Natürlich tat es ihm nicht weh, doch so ein fortwährender Kieshagel aufs Hinterteil kann sehr aufreizend sein, wenn man schlafen möchte. Auf einmal wurde er hellwach und reckte sich auf, sodaß er wie der Buchstabe J war mit seinem hocherhobenen Kopf und dem weit geöffneten Maul, aus dem das zischende Gebrüll drang, das eher einem Reptil angestanden hätte als einem solchen Riesensäugetier. Viermal stieg er auf diese Weise, und als er einsah, daß er uns mit diesem Schauspiel keinen Eindruck machte, tat er das, was alle Robben in kritischen Augenblicken tun: Er brach in Tränen aus. Große dunkle Tränen entquollen seinen Augen und tröpfelten traurig über seine Wangen. Er legte sich in voller Länge auf den Boden und kroch rückwärts zum Meer gleich einer überdimensionalen Raupe; mit großer Mühe hievte er den Leib in die Höhe, und bei der Bewegung wellte sich das Fett über seinen Rücken. Mit letztem Klagegebrüll und erneuter Tränenflut rutschte er schließlich rückwärts ins Wasser, wo eine hereinkommende Welle eine weiße Schaumgirlande um seine Schultern bildete. Die übrige Herde wurde unruhig, als ihr Herr und Meister verschwand; alle hoben den Kopf und blickten uns unbehaglich an. Dann geriet das eine Junge in Panik und rutschte zum Wasser hinunter; Tränen strömten ihm über das helle Gesicht. Das machte das Maß voll; binnen einer Minute stürzte die ganze Herde meerwärts; es sah aus, als ob eine Schar riesiger Maden einen Käse verfolgte.

Betrübt packten wir unsere Ausrüstung zusammen und begannen den Aufstieg an der Klippe, betrübt, weil wir nun unsere letzte Aufgabe erfüllt hatten, und das hieß, daß wir die Halbinsel Valdés mit ihrem herrlichen Tierleben verlassen und nach Buenos Aires zurückkehren mußten. Während wir im Zwielicht den Klippenpfad entlanggingen, sahen wir den alten Bullen zum letztenmal. Sein Kopf tauchte aus einer Welle auf, die dunklen Augen betrachteten uns verwirrt. Er stieß ein Schnauben aus, das an den Klippen widerhallte und seine Nase zittern ließ. Während er uns immer noch traurig betrachtete, sank er langsam in das eisige Wasser hinab und verschwand.

Es ist im Grunde unbegreiflich, daß sich die riesigen See-Elefanten auch heute noch dem Menschen gegenüber vertraut zeigen, daß sie sich auch bei der dreistesten Annäherung nicht in ihrem Schläfchen stören lassen. Sie sollten doch, mißtrauisch geworden, das Weite suchen, nachdem ihnen der Mensch Jahrhunderte hindurch so übel mitgespielt und sie wahllos abgeschlachtet hat. Auch die Weibchen und ihre Jungen wurden getötet. Schonzeiten kannte man nicht, denn allzu begehrt war der Blubber, die oft bis zu 15 Zentimeter dicke unter der Haut liegende Speckschichte der Tiere.

Rauhbeinige Abenteuertypen wurden von den Walfangschiffen an den Fjorden der antarktischen Insel Südgeorgien zurückgelassen. Dort pflegten die Elefantenrobben an Land zu steigen, um ihre Jungen zur Welt zu bringen und sich anschließend zu paaren. Die Robbenjäger mußten sich verpflichten, drei Jahre lang auf der öden Insel zuzubringen, um genügend Robben zu erbeuten. Sie hausten in Erdlöchern, über die sie primitive Dächer gezogen hatten. Ihre Hauptnahrung bestand aus Pinguinen, als Brennstoff dienten ihnen die fetten Pinguinhäute. Manche Männer verwendeten die mit der befiederten Seite nach innen gerichteten Pinguinhäute auch als Stiefel.

Mit den See-Elefanten gingen sie sicher nicht sehr zimperlich um, es kam auch vor, daß sich die »Schlächter« gegenseitig über den Haufen schossen. Ein Chronist, Lord George Campbell, bemerkt dazu: ». . . aber die meisten [Robbenjäger] sehen aus, als ob sie ihre Heimat zum Glück für ihr Land verlassen haben.«

Bis zum Beginn des 20. Jahrhunderts wurden die Elefantenrobben wahllos abgeschlachtet; zum Glück war zu diesem Zeitpunkt, als die See-Elefanten vor der Ausrottung standen, die Jagd unrentabel geworden. Nach einigen Jahren Schonzeit nahmen die Bestände wieder zu, und heute schätzt man die Bestände an südlichen See-Elefanten in den antarktischen Gewässern auf ca. 1 Million Tiere.

Es gibt auch nördliche See-Elefanten. Sie unterscheiden sich nur in wenigen äußerlichen Merkmalen von den südlichen – u. a. ist der Rüssel länger. Der nördliche See-Elefant hat seine Wurfplätze auf den Inseln vor der mexikanischen und kalifornischen Küste. Auch von dieser Art blieben zu Ende des vorigen Jahrhunderts nur einige Tiere, auf Guadelupe, übrig, und deshalb wurden von der mexikanischen Regierung Schutzmaßnahmen beschlossen.

Um diese Riesen beobachten zu können, muß man sich nach ihrem Zeitplan richten. Nur zum Werfen, zur Paarung und zum Haarwechsel steigen sie an Land. Dann verschwinden sie schnell wieder in tieferen Gewässern, um auf Nahrungssuche zu gehen. Sie fressen Fische, Krebse, Tintenfische werden bevorzugt. Sie schlafen auch im Wasser.

Die Weibchen werfen nur ein Junges (Zwillinge sind eine große Seltenheit!). Die Jungen sind schon in ihrer frühesten Jugend großen Gefahren ausgesetzt. Wird z. B. ein Junges von seiner Mutter durch irgendeine Störung getrennt, versucht die Mutter meist nicht mehr, das Junge wieder zu finden. Bullen, die Eindringlinge aus ihrem Harem vertreiben wollen, wälzen sich ohne Rücksicht auf Verluste über die Jungtiere hinweg. Nur die stärksten Jungtiere überleben eine derartige Behandlung. Sie wachsen, wie dies bei allen Robben der Fall ist, auf Grund der ungemein nährstoffreichen Muttermilch sehr rasch, sodaß sie mit 9 bis 10 Wochen schon für ein Leben im offenen Meer bereit sind und dort auch selbst nach Nahrung suchen.

Die Entwöhnung erfolgt bereits nach 20 bis 30 Tagen; zu diesem Zeitpunkt sind die Mütter wieder paarungsbereit und kümmern sich deshalb kaum mehr um ihre Jungen.

Südlicher See-Elefant (Mirounga leonina)

Der Südliche See-Elefant (wie der Nördliche See-Elefant) zählt zur Gattung der Rüsselrobben, die zur Familie der Hundsrobben gerechnet wird. Er bewohnt die subantarktischen Inseln und Küsten zwischen 40 bis 60 Grad südlicher Breite, vereinzelt ist er auch etwas nördlicher zu finden. Die Männchen werden durchschnittlich 6,5 m, die Weibchen 3,5 m lang. Ihre Körpergewichte liegen bei 3600 kg für Männchen, bei 900 kg für Weibchen. Ihre Lebensdauer: ca. 16 Jahre.

Guanako (Lama guanicoë)

Das Guanako aus der Gattung der Neuweltkamele zählt zur Unterordnung der Schwielensohler, die den Paarhufern angehören. Diese Wildtierform, aus der sich die beiden wichtigsten Haustiere der die Andenländer bewohnenden Indios entwickelt haben – das Lama als Last- und Fleischtier und das Alpako als Wollelieferant –, lebt in Westperu, West- und Südargentinien und in Südchile bis in Höhen von 4000 m. Seine Schulterhöhe beträgt 90 bis 130 cm, Kopf/Rumpflänge 180 bis 225 cm, Schwanzlänge 15 bis 25 cm. Sein Gewicht liegt zwischen ca. 60 und 75 kg. Guanakos können ein Alter von über 24 Jahren erreichen.

HANS HASS

Das Haifisch-Wrack

Wenn ich heute an die Ereignisse in Gaha-Faro zurückdenke, dann frage ich mich, ob Eibl und ich in jenen vier Tagen bei rechten Sinnen waren. Wir hatten beide vor der Abreise unseren Frauen versprochen, nicht zu vergessen, daß wir Familienväter waren. Ich selbst hatte alles eher als die Absicht gehabt, Risiken wie auf meinen ersten Reisen einzugehen. Aber dann kam es wie ein Rausch über uns. Hätte ich nicht alles in ausführlichen Filmaufnahmen festgehalten, dann würde ich zögern, darüber zu berichten. Denn ein Taucher kann so ziemlich alles erzählen, was er will. Wer weiß schon, wer kann überprüfen, was wirklich wahr ist?

Unsere Einfahrt in die Lagune von Gaha-Faro war schwierig. Wir kamen später als vorausberechnet, und die Sonne stand bereits dicht über dem Horizont, als wir an der langen weißen Brandungslinie der Riffe entlangfuhren und nach der schmalen, in der Karte eingezeichneten Einfahrt in die Lagune Ausschau hielten. Becker hockte im Mastkorb und gab durch Zeichen Kommandos. Als wir knapp vor Dunkelwerden endlich den engen gegabelten Schlauch entdeckten, sprang ich über Bord und schwamm dem Schiff voraus.

Vom Mast war kaum zu erkennen, wie tief die Wasserrinne war und welcher der beiden Wege in die Lagune führte. Im dunklen, stark strömenden Wasser lenkte ich die »Xarifa« schwimmend durch die enge Passage. Am nächsten Morgen fuhren wir dann gleich zu dem Küstenstrich, wo nach Angabe der Malediver zwei versunkene Schiffe lagen. Wir fanden beide. Das eine war klein, total zerbrochen und uninteressant. Das zweite dagegen, das wir bald

»Haifisch-Wrack« tauften, war eines der schönsten, das ich jemals sah.

Das Schiff war in seiner ganzen Länge auf die Riffplatte aufgefahren, doch hatten die Wellen nur das Vorderteil zertrümmert. Das einstige Heck war noch erhalten und ragte gute zehn Meter weit über den steilen Abbruch der Riffmauer vor. Nach Angabe der Eingeborenen war dieses Schiff vor 60 Jahren gestrandet. Ein Teil der Maschine reichte bis zur Oberfläche, sodaß wir unser Boot gut daran festmachen konnten. Das Heck lag 15 bis 30 Meter tief und war malerisch mit Korallen bewachsen, die es wie Schlinggewächse umrankten.

Dort begegneten wir dem ersten Hai. Es war allerdings ein harmloser Ammenhai, der in der Rundung des einstigen Schiffbodens ein Mittagsschläfchen hielt. Ich gab Hirschel die Kamera, und er filmte, wie ich den Hai aufweckte. Während ich das Tier über die Schiffreling verfolgte, schwamm plötzlich ein großer, wohlgeformter Hai dicht an mir vorbei.

Wir erforschten zuerst die noch erhaltenen Innenräume des Hecks, in denen sich ungeheure Schwärme von Fischen versteckt hielten. Dann untersuchten wir den Steilhang unter dem Schiff. Er führte bis auf 50 Meter Tiefe, wo der Meeresboden dann weniger steil weiter absank. Beim Abwärtsschwimmen erblickten wir seitlich in der Ferne einen dunklen, langsam auf uns zuschwimmenden Gegenstand.

Es war eine riesige Schildkröte. Ruhig und würdevoll paddelte sie auf uns zu und an uns vorbei. Auf ihrem Rückenschild hafteten etwa ein Dutzend außerordentlich große Seepocken. Kurz darauf kam bereits ein weiterer Spaziergänger die Promenade entlang: ein prächtiger großer Stachelrochen.

Wir ließen ihn unter uns durchschwimmen und folgten ihm. Ich filmte. Nach vierzig oder fünfzig Meter Weges kamen wir zu einer seitlichen Höhlung in der Wand, in die der Rochen, offenbar zu einem Routinebesuch, hineinschwamm. Die Höhlung war flach und ging ziemlich weit in den Felsen, der Boden war mit Sand bedeckt, in dem der Rochen wühlte. Eibl schwamm hinein und jagte ihn wieder heraus. Ganz aufgeregt flatterte der Rochen gegen eine Koralle, stieß beinahe gegen meine surrende Kamera und schwamm eilig davon.

Inzwischen waren drei Haie in unser Blickfeld getreten. Keiner war länger als zwei Meter. Sie schwammen im tiefen Wasser und äugten interessiert zu uns herüber. Während ich den einen filmte, schwamm Eibl ein Stück über den Hang weiter. Plötzlich hörte ich ein Klicken im Wasser und sah, daß ein größerer Fisch an seiner Harpune zappelte.

Ich dachte noch, daß es recht unvorsichtig war, an diesem Steilhang, wo es Haie gab, Fische zu harpunieren. Da kam schon der erste. Es war ein anderer, größerer, den das Gezappel herbeirief. Mit der wunderbaren Mühelosigkeit dieser Tiere sauste er wie ein Geschoß heran, dicht zu Eibl hin, umkreiste ihn, erschrak und schwamm schräg abwärts. Eibls Augen glitzerten vergnügt, als wir wieder zusammentrafen. Wir schwammen näher zum Wrack hin. Dort zog Eibl sein Messer und schnitt beherzt in den inzwischen toten Fisch hinein, sodaß sich eine Wolke von Blut ausbreitete. Beide sehr aufgeregt und ständig zu den Haien hinüberschauend, schwammen wir wieder ein Stück vor, stopften den blutenden Kadaver unter eine Koralle und eilten zum Wrack zurück, wo uns ein klaffender Riß in der Bordwand ein geradezu ideales Versteck bot.

Wir warteten. Es dauerte etwa zwei Minuten, bis der erste Hai den Blutgeruch in die Nase bekam. Im Augenblick verwandelte sich das bisher ruhige Bild. Der Hai schwamm doppelt so schnell als normal in Richtung auf den Köder zu. Zwei andere Haie wandten sich und sausten ihm ebenso schnell nach. Keine fünf Meter von uns entfernt kreisten sie wie landende Flugzeuge aufgeregt über dem Versteck. Nach zwei vergeblichen Versuchen stieß der größere Hai mit der spitzen Nase zwischen die Korallen, packte den toten Fisch am Schwanz, hob ihn hoch, ruckte mit dem Kopf vor, um ihn besser zu packen, und schüttelte ihn heftig, weil er ihm offenbar zu groß war. Ein Stück fiel herunter, die beiden anderen Haie stürzten sich darauf. In wilder Verfolgung sausten die drei schräg abwärts in die Tiefe.

Eibl und ich waren wie elektrisiert. Mit dem schützenden Wrack im Rücken konnten wir hier überprüfen, wie schnell Haie den Blutgeruch wahrnehmen und auch wie sie sich Menschen gegenüber verhalten, wenn Blut im Wasser ist. Gerade diese zweite Frage war für Schiffbrüchige von außerordentlicher Bedeutung.

Schon bei der nächsten Fütterung versteckten wir uns nicht mehr im Wrack. Das Interesse der Haie war so offensichtlich auf die blutenden Köder – und nur auf diese – gerichtet, daß unsere Anwesenheit für sie überhaupt keine Rolle zu spielen schien. Sobald sich Blut im Wasser ausbreitete, ging eine Erregung ringsum durchs ganze Meer. Die sonst so königlich arroganten Tiere verloren völlig ihre Beherrschung und vollführten die erstaunlichsten Anläufe, Drehungen und Kapriolen. Schließlich hockten wir ganz frei auf dem versteckIosen Hang, der Köder kaum zwei Meter von uns entfernt, vor oder zwischen uns, und bis zu acht Haie *(Charcharhinus)* umkreisten uns.

Eibl, der das blutige Handwerk des Fischharpunierens und Zerstückelns ausübte, war dabei in größerer Gefahr als ich. Denn seine Hände und Arme waren mit Blut beschmiert. Aber irgendwie fühlten wir uns beide in zunehmendem Maß sicher. Was Eibl im übermütigen Impuls eines Augenblicks begonnen hatte, wurde jetzt zu einer überaus interessanten und bedeutungsvollen Studie.

Auch in Australien, wo es jedes Jahr tödliche Unfälle durch Haie gibt, hatte man bereits beobachtet, daß herzueilende Helfer in keinem einzigen Fall gebissen wurden. Der Hai versuchte nur immer wieder, von dem schon verletzten Opfer weitere Stücke wegzubeißen (Coppleson 1950). Hatte ich bisher geglaubt, daß nichts gefährlicher ist, als bei sich ausbreitendem Blutgeruch unter Haien zu sein, so wurden wir nun eines anderen belehrt. Ganz im Gegenteil: das blutende Objekt bot uns geradezu Schutz. Wenn wir den Haien in den Weg kamen, wichen sie uns aus, als ob wir eine lästige Koralle wären. Was sie wirklich interessierte, war einzig und allein der blutende Köder. Erst wenn dieser von einem Hai aufgefressen oder weggetragen war, kam es vor, daß sich die anderen auch wieder für unsere Bewegungen interessierten.

Für Schiffbrüchige ist das ein wertvoller Hinweis. Für solche, die verletzt sind, ist es wohl kein Trost, denn blutende Menschen sind bei Anwesenheit von Haien tatsächlich in ernster Gefahr. Unverletzte aber brauchen – gleichwohl, was um sie geschieht – nicht völlig zu verzweifeln. Ist Blut im Wasser, dann sind die Haie tatsächlich sehr aufgeregt, aber ihr Interesse konzentriert sich durchaus auf das Objekt, von dem das Blut kommt.

Am zweiten und dritten Tag waren noch mehr Haie an der Stelle als am ersten. Die Sache sprach sich offenbar herum. Während ich einmal filmte, zeigte Eibl plötzlich aufgeregt abwärts. Etwas tiefer am Hang, nicht weit von uns entfernt, zog ein fünf Meter langer Tigerhai ruhig seines Weges. Wir hielten den Atem an, und er schwamm ruhig weiter. Die Duplizität der Fälle wollte es, daß wir kaum zehn Minuten später einen zweiten Besuch aus dem Riesenreich bekamen. Diesmal war es ein Hammerhai, auch fünf Meter lang. Auch er kümmerte sich nicht um uns, sondern schwamm gleichmäßig und gerade den Hang entlang weiter. Wir hatten etwas klapprige Knie, als wir wieder im Boot waren. Aber am anderen Tag setzten wir die Untersuchung dann doch fort.

Im Krieg versuchte die amerikanische Luftwaffe ein Mittel zu finden, um abgeschossene Flieger vor Haifischangriffen zu schützen. Das Ergebnis – als »Shark-Repellent« bekannt – war Kupferazetat. Wir hatten einige Kilo davon mitgenommen, um es zu erproben. Jetzt war die Gelegenheit dazu da. Wir schütteten je hundert Gramm in kleine Stoffsäckchen und nahmen sie unter Wasser mit.

Die Wirkung der sich auflösenden Chemikalie war zunächst sehr gut. Die Haie, die jetzt immer sofort kamen, wenn wir unter das Wrack tauchten, blieben diesmal weg. Zwei, die in unserer Sichtweite schwammen, entfernten sich sogar langsam und entschwanden. Jetzt tötete Eibl einen Fisch und zerschnitt ihn. Knappe zwei Minuten später waren die ersten Haie wieder da. Sie wirkten etwas irritiert, fanden aber dann doch sehr bald den Köder und verschlangen ihn.

Als nächstes steckte Eibl einem harpunierten Barsch das Säckchen mit Kupferazetat direkt ins Maul. Wieder kamen Haie. Der Blutgeruch schaltete die Wirkung des Kupferazetats völlig aus. Erst als der Hai den Fisch im Maul hin- und herschüttelte, rutschte das Säckchen heraus und fiel zwischen die Korallen. Er hätte es wahrscheinlich mitverschluckt.

Nach unseren Abstiegen hockten wir im Boot, lagen in der Sonne und wärmten uns, legten neue Filme ein und erzählten uns gegenseitig immer wieder unsere Eindrücke. Das Schiff, die anderen, ihre Arbeit, alles war nur noch eine blasse Nebensache. Meine Filmaufnahmen genügten längst als Dokumentation und für die Fernsehprogramme. Trotzdem, um unserer Sache wirklich sicher zu sein, legten wir weitere Filme ein und setzten die Abstiege fort.

Cousteau und seine Männer haben aus einem Eisenkäfig gefilmt, wie ein von ihrem Schiff angefahrener und getöteter Wal von Haifischen zerfetzt wurde. Die Aufnahmen zeigten gut, wie die Haie mit einer schüttelnden Bewegung des Kopfes Speckstücke aus dem großen Kadaver herausschnitten. Ebensolche Bewegungen machten auch unsere Haie, wenn der Happen zu groß war, um als Ganzes verschluckt zu werden. Der Hai sägt so mit den scharfen Zahnreihen und läßt eine glatte, saubere Bißspur zurück.

Am letzten Tag befestigten wir den Köder an einem starken Haken und knüpften das andere Ende der Leine an ein vorstehendes Eisenstück des Wracks. Dann allerdings zogen wir uns in Deckung zurück. Bald kam ein Hai, der den Haken verschlang. Er schwamm davon, wurde plötzlich vom Seil festgehalten, taumelte und schlug wild um sich. Im selben Augenblick waren sechs andere Haie rings um ihn. Alles tobte durcheinander, da riß der Haken aus, und das Getümmel verschwand im Abgrund. Eibl schrieb an diesem Abend in einem Brief an seine Frau: »Wiederholungen sind nicht vorgesehen, das nur zu Deiner Beruhigung. Ich werde jetzt im Seichten plätschern und Fische aufnehmen, und im Malaiischen Archipel gehen wir dann viel an Land spazieren.«

Weißspitzenhai mit Lotsenfischen

Allerdings hatte dieser letzte Tag noch seine Nachwirkung. Wir hatten beinahe vier Stunden in 40 bis 45 Meter Tiefe zugebracht und hatten uns in der Aufregung um Auftauchzeiten nicht mehr gekümmert. Nun summieren sich aber die Werte bei mehrmaligem Tauchen. Wir hatten beide Gliederschmerzen und mußten zur langsamen Entpressung wohl oder übel wieder hinunter. Die Sonne sank gerade unter den Horizont, als wir uns von der »Xarifa« an einem Seil auf zwanzig Meter Tiefe hinabließen. Nur Schritt für Schritt, auf eine Stunde verteilt, durften wir jetzt wieder hochkommen.

Das Meer wurde tiefblau, allmählich wurde es Nacht. Vor den Haifischen, die um uns tobten, hatten wir keine Angst gehabt. Aber jetzt im dunklen freien Wasser zu hängen, war mehr als unangenehm.

Immer wieder ist vom »Hai« schlechthin die Rede – dabei gibt es ca. 200 Hai-Arten! Nicht jeder Hai ist für den Menschen gefährlich. Gerade die größten Haie, die bis zu 18 Meter langen Walhaie, sind harmlose Planktonfresser, und viele Sporttaucher schildern sie uns als zutrauliche »Reittiere«. Aber auch die kleinen Katzenhaie sind ungefährlich, und in vielen Großaquarien zählen sie zu den ausdauernden Pfleglingen, die sogar regelmäßig für Nachwuchs sorgen. (Für ihre Eier liefern diese Haie auch gleich eine »Taucherglocke« mit, die mit Hornfäden am Tang verankert werden kann.) Haie müssen gut für ihre Nachkommen sorgen, da die meisten Haie – im Vergleich zu anderen Fischarten – nur wenige Junge zur Welt bringen; so sind es beim lebendgebärenden Sandhai nur 2 Junge.

Als Studienobjekte sind die Haie sehr beliebt. Beispielsweise läßt sich an ihnen demonstrieren, woraus sich unsere Zähne entwickelt haben. Haie tragen nämlich ihre Zähne nicht nur »im Gesicht«. Ihre Haut besteht eigentlich aus einer Ansammlung von Zähnen, denn die sogenannten „Placoidschuppen« gleichen in ihrem Aufbau unseren Zähnen. Jeder Zusammenstoß mit einem Hai ist äußerst unangenehm, denn ohne Hautabschürfungen kommt man kaum davon. Auch die Zoologiestudenten fluchen manchmal leise über die Haie, wenn sie diese im Zug anatomischer Übungen zerschneiden müssen: Die rauhe Haut macht ihr Skalpell schnell stumpf!

Daß es immer wieder zu schweren Unfällen mit Mitgliedern der Menschenhaie kommen kann, soll nicht geleugnet werden. Bis heute kennt man auch noch kein sicher wirkendes Haiabwehrmittel.

Haie haben aber auch Nutzen für uns Menschen. Ihre Haut wird zu Leder verarbeitet, aus ihren Flossen wird Suppe bereitet, aus ihrem Fleisch werden schmackhafte »Schillerlocken« hergestellt. Wenn man es so sieht, ist der Mensch ungleich gefährlicher für den Hai als umgekehrt!

Echte Haie (Galeoidei)

Die Unterordnung der Echten Haie (Galeoidei) finden wir in der Klasse der Knorpelfische; sie gliedern sich in die Familien der Sandhaie, Nasenhaie, Makrelenhaie, Riesenhaie, Drescherhaie, Walhaie, Ammenhaie, Katzenhaie, Glatthaie, Marderhaie, Blauhaie (zu ihnen zählt der Tigerhai), Hammerhaie. Die Haie sind sowohl Bewohner der Hochsee wie auch der Tiefsee und der küstennahen Flachwassergebiete. Manche Arten dringen sogar, dem Lauf großer Flüsse folgend, ins Süßwasser vor. Je nach Lebensraum legen Haie Eier oder belassen die Eier so lange im mütterlichen Körper, bis die Keimlinge fertig entwickelt sind; schon im Mutterleib schlüpfen die Jungen dann aus den Eiern und werden anschließend geboren (»Ovoviviparie«). Beide Fortpflanzungsweisen kommen bei in Bodennähe lebenden Arten vor. Hochseehaie zeigen eine echte innere Keimlingsentwicklung, wobei diese Keimlinge bereits im Mutterleib zu »Haifressern« werden können und ihre Geschwister auffressen; so werden bei diesen Hochseehaien oft nur 2 Junge geboren, während bei eierlegenden Haien ca. 80 Junge hochkommen.

STERLING NORTH

Rascal der Waschbär

Juni! Das bedeutete Schulferien, und die Kirschen waren reif, und alle Jungen und auch ein paar Mädchen liefen barfuß.

Im Vergleich zu den Mädchen genossen wir manche Vorteile, wir konnten ohne Badehose schwimmen und allein die Flußufer durchstreifen oder zwischen den Wasserlilien Barsche fischen. Mädchen mußten Badeanzüge tragen und abends beizeiten zu Hause sein, wenn wir noch Räuber und Verstecken spielten. Ich dankte dem Himmel, daß ich kein Mädchen war.

Obwohl ich Rasen mähen und in meinem Kriegsgarten arbeiten mußte, blieb mir viel freie Zeit für meine Tiere. Ich sah zu, wie die zahmen Waldmurmeltiere Klee fraßen, fütterte meine vier Skunks mit Brot und Milch und versuchte die Dohle, die Edgar Allan Poe hieß, am Stibitzen glänzender Gegenstände – zum Beispiel Autoschlüssel – zu hindern. Am schönsten aber waren die Stunden, die ich mit meinem kleinen Waschbären verbrachte. Ich hatte ihn Rascal getauft.

Psychologen würden wohl sagen, daß ich mir mit meinen zahmen Tieren einen Familienersatz schaffen wollte. Eigentlich hatte ich ja eine menschliche Familie – interessante, wohlerzogene und liebevolle Angehörige. Doch meine Mutter lebte nicht mehr, mein Vater unternahm oft Geschäftsreisen, mein Bruder Herschel war bei der Armee in Frankreich, meine Schwestern Theo und Jessica führten ihre eigenes Erwachsenenleben. Beide Schwestern hatten sich nach dem Tod der Mutter rührend meiner angenommen und deshalb sogar eine ganze Weile auf Berufstätigkeit und Ehe verzichtet.

Jetzt aber war Theo glücklich verheiratet, mit einem jungen Papiermühlenbesitzer in Minnesota, und Jessica, eine vielversprechende Linguistin und Dichterin, arbeitete an der Universität von Chicago. Oft war der einzige Bewohner unserer zehn Zimmer ein elfjähriger Junge, der an seinem Kanu bastelte und lange, lange Gedanken ausspann.

Eines seiner Probleme war theologischer Art. Ich fragte mich, wie Gott allwissend, allmächtig und allgütig sein und dabei doch so viel Leiden in der Welt zulassen könne. Vor allem verstand ich nicht, warum er meine begabte und sanftmütige Mutter zu sich genommen hatte, als sie erst siebenundvierzig Jahre alt war.

Ich fand es ungerecht, daß sie meine Tiere nicht sehen durfte – Rascal im besonderen. Ich konnte mir vorstellen, welche Freude sie an ihm gehabt hätte, als Naturwissenschaftlerin und als Mutter.

Sicher hätte sie die Lebensgewohnheiten all dieser Tiere mit großem Interesse beobachtet, und mit ihrem Rat wäre es leichter für mich gewesen, die verschiedenen Schwierigkeiten zu lösen.

Zum Beispiel gerieten meine Dohle und meine Stinktiere ständig in Konflikt mit den Methodisten, deren Pfarrei an unser Grundstück grenzte. Die Dohle Edgar horstete im Glockenturm der Kirche und schrie »Mordsspaß!«, wenn würdige Methodisten zu Gottesdiensten, Trauungen und Begräbnissen kamen. Ein Teil der Gemeinde forderte, daß Edgars Treiben ein Ende gesetzt werde, nötigenfalls mit der Flinte.

Durch meine harmlosen Skunks war die gespannte Lage im Juni noch weiter kompliziert worden. Diese sympathischen Tiere, die ich im vergangenen Frühling in einem Erdloch gefunden hatte, waren jetzt über ein Jahr alt und wurden etwas ruhelos. Alle vier hatten ein prächtig glänzendes Fell – eines breitgestreift, eines schmalgestreift,

Waschbär

eines kurzgestreift, und eines war eine schwarze Schönheit mit weißem Stirnzeichen. Ihre Manieren ließen nichts zu wünschen übrig. Da sie nie erschreckt oder gefoppt worden waren, hatten sie von ihren Stinkdrüsen noch nie Gebrauch gemacht.

Eines Sonntagabends jedoch, als Wowser, der Bernhardiner, vermutlich döste, kam ein streunender Hund und bellte und fletschte sie durch das Drahtgitter an, worauf sie ihrer Art entsprechend reagierten. In der Kirche, die ungefähr zwanzig Meter vom Gehege entfernt war, ging um diese Zeit der Abendgottesdienst vor sich. Da es ein warmer Abend war, hatte man die Kirchenfenster geöffnet. Zum erstenmal in seinem Leben begnügte sich Pfarrer Hooton mit einer kurzen Predigt.

Am Montagmorgen sprach eine Delegation bei meinem Vater vor, um gegen den Mißstand zu protestieren.

Der Angriff richtete sich sowohl gegen die Dohle als auch gegen die Skunks, sodaß ich mich in die Enge getrieben sah und in einen Kompromiß einwilligte. Ich fütterte die vier Skunks zum Abschied mit Brot und Milch und trug sie in zwei Körben in den Wentworth-Wald, wo sie leicht eine leere Höhle finden konnten. Die Methodisten waren so erleichtert, die Skunks los zu sein, daß sie den Urteilsspruch über die Dohle auf unbestimmte Zeit hinausschoben.

Rascal hauste unterdessen im Stamm unserer dicken Eiche, knapp zwei Meter über dem Boden. Da die Waschbären meistens im Nest bleiben, bis sie zwei Monate alt sind, sah ich wenig von ihm, außer wenn ich ihn zum Füttern herausholte. Er gewöhnte sich bald daran, seine warme Milch aus einer Untertasse zu lappen, was nach dem mühsamen Saugen durch den Strohhalm einen großen Fortschritt bedeutete.

Wowser bewachte ihn treu; er saß fast immer unter der Eiche, und sogar nachts schlief er dort.

Mitte Juni hörten Wowser und ich nachmittags zaghaftes Rufen aus dem Baumloch, und als wir aufblickten, sahen wir eine kleine schwarze Maske und zwei kugelrunde Augen, die neugierig in die weite Welt spähten. Gleich darauf drehte sich Rascal um, kroch Schwanz voran aus dem Loch und kletterte rückwärts hinunter, vorsichtig tastend, wie es ganz junge Bären tun. Waschbären haben an Händen und Füßen fünf Krallen, die sie nicht einziehen können; ein Abstieg mit dem Kopf nach vorn wäre deshalb nicht ratsam gewesen. Ab und zu suchte Rascal verzweifelt nach einem Halt, und oft schaute er über die Schulter, um festzustellen, wie weit es noch bis zum Boden war.

Wowser machte sich Sorgen und bellte ein paar Fragen an mich, was ich über diesen Vorgang dächte. Ich sagte ihm, er solle nur ruhig abwarten.

Rascal hatte den ganzen Hof offenbar sehr eingehend von seiner Baumhöhle aus studiert, denn er strebte sofort meinem zementierten Fischbecken zu, in dem ich Elritzen als Köder hielt.

Die Ränder dieses flachen Bassins hatten ein schwaches Gefälle gegen die Mitte zu, was für meinen unternehmungslustigen kleinen Waschbären wie gemacht war. Ohne Zögern watete er hinein und betastete den Boden mit seinen feinfühligen Fingerchen, die ihm alles Wissenswerte über diesen Fischteich vermittelten. Sein Blick richtete sich dabei in die Ferne, als bestünde keine Verbindung zwischen Augen und Händen. Die Fische suchten sich verzweifelt in Sicherheit zu bringen und sprangen manchmal sogar hoch aus dem Wasser.

Während Rascal zum erstenmal auf Nahrungssuche ging, verfolgte ich staunend, wie ein so junges Tier, das von keiner Mutter unterrichtet wurde, die Waschbärentechnik ganz genau zu kennen schien. Ich wartete fasziniert, ob der weise Instinkt ihm Erfolg bringen werde. Und schon hatten die geschickten schwarzen Händchen eine zehn Zentimeter lange Elritze erwischt. Nun begann die Waschzeremonie. Obwohl der Fisch ja sauber war, schwenkte Rascal ihn ein paar Minuten lang hin und her, bevor er an Land stieg, um seine erste Beute zu genießen.

Die Mahlzeit genügte ihm anscheinend, und außerdem wußte er jetzt, daß er sich jederzeit weitere Fische holen konnte. Er unternahm eine gemächliche Inspektion durch den ganzen Hof, alles beschnuppernd und befingernd. Viele interessante Gerüche mußten untersucht werden – von Katze, Hund, Murmeltier – und auch verblichene Skunkspuren. Im Gras entdeckte er Grillen, die einen Beutesprung wert waren, und als er auf den unheimlichen Schatten der Dohle stieß, erstarrte er reglos wie eine Feldmaus unter dem Schatten von Habichtflügeln.

Sobald Rascal zu nahe an die Grenzen unseres Grundstücks kam, trat Wowser in Aktion und schubste ihn zu seinem Baum zurück. Rascal nahm die Zurechtweisung freundlich hin, und nachdem er das Gelände noch eine Viertelstunde lang erforscht hatte, kehrte der kleine Burgherr zu seiner Festung zurück, kletterte mühelos am Stamm hinauf – viel geschickter als beim Abstieg – und verschwand in der Höhlung.

Nach einigen Tagen fand ich, daß Rascal intelligent und sauber genug sei, um mit uns bei Tisch zu sitzen. Ich stieg auf den Boden und holte das hohe Stühlchen, das seit meiner eigenen Kindheit nicht mehr gebraucht worden war.

Am nächsten Morgen, während mein Vater Eier, Toast und Kaffee zubereitete, lockte ich Rascal aus dem Nest und setzte ihn in den Kinderstuhl, den ich neben mich an den Frühstückstisch gerückt hatte. Auf seine Tischplatte stellte ich eine dicke Steingutschale mit warmer Milch.

Rascal konnte gut zu der Milch gelangen, indem er sich im Stühlchen aufrichtete und die Pfoten auf seinen Tischrand legte. Die Neuerung schien ihm sehr zu behagen, jedenfalls fiepte und trillerte er mit deutlichem Vergnügen. Die paar Milchtropfen, die er fallen ließ, konnte ich rasch wegwischen; im übrigen erwiesen sich seine Tischmanieren als tadellos – weit besser als die der meisten Kinder. Mein Vater war duldsam wie immer und amüsierte sich über unseren Gast, nach dem Essen streichelte er ihn sogar.

Das Frühstück zu dritt wurde von da an zur täglichen Gewohnheit. Wir hatten nie die geringsten Schwierigkeiten mit ihm, bis mir der Einfall kam, Rascal ein Stück Zucker anzubieten. Er betastete und beschnupperte es und machte sich sofort an die übliche Waschzeremonie, indem er es in seiner Milch hin- und herschwenkte. Natürlich löste es sich auf, was Rascal über alle Maßen verwunderte. Er durchsuchte die Schale bis auf den Grund und betrachtete erst seine rechte Handfläche, dann die linke, um sich zu vergewissern, daß nichts mehr darin war. Schließlich sah er mich an und zirpte eine schrille Frage: Wer hatte ihm den Zuckerwürfel gestohlen?

Als ich mich vom Lachen erholt hatte, gab ich ihm ein zweites Stück. Nach gründlicher Prüfung wollte er es wieder zu waschen anfangen, doch plötzlich zögerte er. In seine blanken schwarzen Augen kam ein durchtriebener Ausdruck, und anstatt die Kostbarkeit abermals wegzuwaschen, steckte er den Zucker direkt in sein Mäulchen und zerknackte ihn mit Genugtuung. Wenn Rascal eine Lektion gelernt hatte, behielt er sie für immer im Gedächtnis. Nie wieder wusch er ein Stück Würfelzucker.

Doch seine Intelligenz stellte uns vor mancherlei Probleme. Zum Beispiel begriff er bald, woher der Zucker kam: aus der Dose, die mit geschlossenem Deckel auf dem Tisch stand. Und während er bisher artig in seinem Kinderstuhl geblieben war, beharrte er jetzt darauf, über das Tischtuch zu wandern, den Deckel hochzuheben und sich selbst zu bedienen. Von diesem Tag an mußten wir die Zuckerdose im Eckschrank verwahren, denn sonst hätten wir ständig einen kleinen Waschbären auf dem Eßtisch gehabt.

Eine andere Lektion, die er rasch lernte, war das Öffnen der Hintertür. Ich hatte die lahme Feder an der Türklinke absichtlich nicht repariert, damit meine Katzen die Tür aufstoßen und nach Belieben ein- und ausgehen konnten. Rascal beobachtete die Katzen aufmerksam und schien sich zu merken, wie sie es machten: Ziehen von außen, Stoßen von innen.

Ich war ebenso überrascht wie entzückt, als ich in einer der folgenden Nächte Rascal neben mir auf dem Kopfkissen trillern hörte und seine kleinen Hände mein Gesicht abtasteten. Das schlaue Tierchen war aus seinem Baumloch geklettert, hatte die Hintertür geöffnet und mit seinen Augen, die im Dunkeln sehen konnten, den Weg zu mir gefunden.

Bei uns gab es keine strenge Hausordnung. Mein Waschbär hatte sich dafür entschieden, daß der beste Schlafplatz bei mir sei. Er war mindestens so sauber wie eine Katze, außerdem von Natur aus stubenrein, und er fand mein Bett weicher und bequemer als sein Lager im Baumloch. Wir wurden also viele Monate lang Schlafgenossen, und ich kam mir neben ihm nicht mehr so verlassen vor, wenn mein Vater fort war.

Nur in Gewitternächten befielen mich Angstvorstellungen vom Krieg, sodaß ich die Decke über unsere Köpfe zog. Aber sobald am nächsten Morgen die Sonne auf das regennasse Gras schien, vergaßen Rascal und ich unsere Alpträume und rüsteten uns zum Fischfang.

Eine meiner Lieblingsstellen war eine Sandbank im Rock River, einem Fluß, der in den Horicon-Sümpfen von Wisconsin entspringt und bei Rock Island in den Mississippi mündet. Untiefen und Stromschnellen wechselten mit sumpfigen Strecken und seeähnlichen Flächen ab – ein herrlicher und vielseitiger Strom.

Am Abend vor unserem Ausflug hatte ich mit einer Taschenlaterne das nasse Gras nach Würmern durchsucht und über fünfzig gefangen. Meine zusammengelegte Stahlrute schnallte ich unter der Rahmenstange am Fahrrad fest, mein Kasten mit Rolle und Schnur und Köder stand bereit, um im Drahtkorb an der Lenkstange verstaut zu werden. Glücklicherweise nahm dieser Kasten nur wenig Raum ein, sodaß im Korb auch mein Fischergefährte sitzen konnte, der sich seit kurzem für den Radsport begeisterte.

Rascal war dem Schnelligkeitsrausch verfallen. Dieser verrückte kleine Bursche, der höchstens zwei Pfund wog, besaß das Herz eines Löwen. Er pflegte mit gespreizten Hinterbeinen im dichtgeflochtenen Drahtkorb zu stehen, umklammerte mit den Händchen den vorderen Rand und hielt die kleine Knopfnase in den Wind, während sein schwarzberingter Schwanz nach hinten wehte. Das komischste an seinem Kostüm war die natürliche schwarze Schutzbrille um seine glänzenden Augen; er sah wie ein Rennfahrer im Endspurt aus.

Am liebsten sauste er einen steilen Hügel hinunter. Es behagte ihm gar nicht, wenn ich bergauf aus Leibeskräften treten mußte und das Vorderrad bei meinem Bemühen um Gleichgewicht hin- und herschwankte. Aber sobald wir wieder Tempo gewannen, faßte er neues Vertrauen und blickte kühn geradeaus wie ein Lokomotivführer von einst.

Am südlichen Stadtrand kamen wir am Friedhof vorbei, wo meine Mutter unter einer weißen Steinplatte lag. Die Inschrift lautete:

Dem Andenken
an
Sarah Elizabeth Nelson North
1866 – 1914

Die Worte sagten wenig aus; eher wurden ihr die Rosen gerecht, die ich dort gepflanzt hatte.

Vom Friedhof führte unser Weg bergab nach Indian Ford, mit schöner Aussicht auf den gewundenen Fluß zwischen Wäldern und Weiden und geometrisch geraden Feldern, auf denen Mais, Tabak, Weizen und Gerste wuchs. In diesen gewinnreichen Kriegsjahren waren die meisten Scheunen frisch gestrichen, in fröhlichem Rot, und die Farmhäuser leuchteten weiß hinter Wiesen und Blumen. Die letzten drei Kilometer fuhren wir sehr rasch, und Rascal war wieder voller Spannung. Der Wind blies ihm ins Gesicht, sodaß sein Backenbart bis zu den buschigen Ohren wehte. Wir waren so glücklich, wie man nur sein kann.

Hinter dem großen Staudamm schlugen wir einen Pfad flußabwärts ein. In den Weiden am Weg riefen Rotdrosseln ihr »Kon-keri! Kon-keri!«, und am Ufer in einer Flußbiegung fanden wir Walderdbeeren, die fast so feuerrot waren wie die Flügelstreifen der Rotdrosseln. Auf die erste Kostprobe hin stapfte Rascal eifrig zwischen den Pflanzen herum und konnte sich mit Abreißen und Verschlingen nicht genugtun. Einem so aufnahmebereiten, neugierigen Gemüt brachte jeder Augenblick neue Freuden.

Endlich erreichten wir meinen Geheimort, die Sandbank vor einer tiefen, ruhigen Stelle, wo ich schon viele Fische gefangen hatte – mehr als irgendwo sonst im Fluß. Ich lehnte das Fahrrad an eine Weide, fügte meine Rute und Spinnrolle zusammen und zog die Seidenschnur durch die Laufringe und den Leitring aus Achat. An der Schnur befestigte ich ein kurzes Vorfach, einen Zapfen und eine rot-weiße Gambe.

Rascal bedurfte keiner so umständlichen Vorbereitungen. Sein Rüstzeug war immer gebrauchsfertig, ja, er hatte von Geburt an mehr Kenntnis und bessere Hilfsmittel, als die meisten menschlichen Fischer im Lauf ihres Lebens erwerben.

Ich beobachtete ihn, während er am Rand der Sandbank

vorrückte und jeden Zentimeter des seichten Wassers untersuchte, wobei eine leichte tretende oder pumpende Bewegung mit dem Greifen und Tasten seiner Hände abwechselte. Wie üblich beteiligten sich seine Augen nicht an dieser eingehenden Prüfung, sondern schweiften weit über den Fluß zum jenseitigen Ufer. Am äußersten Punkt der Sandbank wurde er plötzlich von der Strömung erfaßt. Doch als ich ihm schon zu Hilfe eilen wollte, schwamm er gelassen zum stillen Wasser auf der andern Seite der Sandbank und setzte vom dortigen Rand aus die Erkundungsarbeit fort.

Da ihnen der ganze Fluß zur Flucht offenstand, waren die Elritzen zu rasch für Rascals Hände. Bald aber erwischte er ein kleines Ungeheuer, das er noch nie gesehen hatte.

Es war ein ungewöhnlich großer Flußkrebs. Diese Süßwasserhummer besitzen äußerst kräftige Scheren, einen gepanzerten Körper und einen köstlichen Schwanz. Schon oft hatte ich als besonderen Festschmaus gut fünfundzwanzig solcher Krebsschwänze über einem offenen Feuer gekocht und verzehrt. Mit ihrem festen rosafarbenen Fleisch, das ähnlich wie Krabben schmeckt, waren sie ein appetitanregender Leckerbissen vor dem Hauptgang, der aus gebratenem Katzenwels oder einem Stew zu bestehen pflegte.

Rascal dagegen sah zum ersten Male einen Flußkrebs. Wäre seine Mutter als Lehrmeisterin dabeigewesen, so hätte er dicht hinter den Scheren zugepackt, um dieser gezahnten Zange zu entgehen. So aber unterließ er den bewährten Griff und wurde mehrmals gezwickt, bevor er mit seinen messerscharfen Zähnen den Krebskopf zermalmte, die Beute wusch, sie dann umdrehte und den zarten Schwanz verschlang.

Gezwicktes Kind fürchtet die Krebse. Den nächsten behandelte Rascal schon mit der berufsmäßigen Geschicklichkeit eines alten, erfahrenen Waschbären.

Sobald ich sicher sein konnte, daß ihm weder vom Fluß noch von dessen kleinen Einwohnern Gefahr drohte, begann ich selber zu fischen. Natürlich war ich barfuß und hatte meine Overallhosen bis über die Knie aufgekrempelt. Ich watete am äußersten Ende der Sandbank ins Wasser und setzte hoffnungsvoll zu meinem ersten Wurf an.

Unter mir lag wie ein Teich das tiefe, dunkle Wasser, an der Uferseite umsäumt mit kleinen Seerosen, Wasserlilien und schlankem Pfeilkraut. Ich warf dorthin, wo sich Barsche und Hechte versteckt hielten, und zog in kurzen Abständen Schnur ein, um den Fischen Gelegenheit zum Anbeißen zu geben.

Einmal schnappte ein Barsch nach dem Köder, verfehlte ihn aber und wollte es nicht ein zweites Mal versuchen. Wenige Minuten später folgte ein dicker Sonnenfisch dem rot-weißen Wobbler fast bis zum Ende der Rute, dann wendete er blitzschnell und verschwand. Auch ein Dutzend weiterer Würfe brachte keinen Erfolg. Ich holte also die Schnur wieder ein, weil ich das System auswechseln wollte, um mich auf Katzenwels zu verlegen – den großen, kämpferischen, gabelschwänzigen Silberkatzenwels, der viel sportlicher war als alle anderen Fische im Fluß.

Wer diese besondere Abart nie gesehen hat, wird sich kaum vorstellen können, daß ein Silberkatzenwels fast jeden Köder annimmt, sowohl Fliegen, lebende Elritzen oder Frösche wie natürlich auch Hühnerleber und Würmer. Diese schlanken und schönen Fische sind mit ihrer Stromlinienform äußerst aktiv und wehren sich oft eine halbe Stunde lang, bis man sie endlich im Netz hat.

Als ich zu meinem Gerätekasten zurückging, sah ich, daß Rascal sein Krebsessen beendet hatte und nun im Weidenschatten neben dem Fahrrad ein Schläfchen machen wollte. Das gab mir freie Hand, mich ganz auf meine eigenen Vorhaben zu konzentrieren.

Ich befestigte einen bronzenen Welshaken am Vorfach,

beschwerte meine Schnur mit vier Bleikugeln und spießte verlockende Regenwürmer an den Haken. Dann watete ich wieder in den Fluß und warf die Angel dreißig Meter stromabwärts aus, wo das stille Wasser am tiefsten war. Nach fast zehn Minuten kam der elektrisierende Augenblick. Der Zapfen bewegte sich zweimal, die Schnur zuckte, als ein großer Katzenwels prüfend an den Würmern herumzupfte. Plötzlich biß er heftig an, und die Schnur rollte singend ab, während ich sie mit dem Daumen bremste. Als ich einholte, damit sich der Haken festhängte, bog sich die Rute stark durch, und der Kampf begann.

Der Katzenwels wandte sämtliche Tricks an, indem er einmal zum Lilienufer zu entkommen suchte, wo er sich von der verwickelten Schnur hätte losreißen können, und zweimal Ausfälle zum offenen Fluß hin machte, wo die Strömung ihm vielleicht geholfen hätte. Dann schmollte er drei oder vier Minuten lang so tief im Wasser, daß ich schon dachte, er habe sich unter einem versunkenen Baumstamm verkrochen. Einmal sprang er hoch auf, blausilbern blitzend, und sein starker gegabelter Schwanz peitschte die Oberfläche.

Rascal wachte verwundert auf und trottete zu mir, um an dem aufregenden Ereignis teilzunehmen. Während ich dann den Katzenwels immer näher und näher zum Ufer drillte, ging der Waschbär auf und ab und warf mir fragende Blicke zu.

»Ein Prachtkerl«, sagte ich. »So einen großen hab' ich fast noch nie erwischt.«

Rascal streckte vorsichtig eine Pfote aus, während ich den Fisch ins seichte Wasser brachte, zuckte aber erschrokken zurück, als der peitschende Schwanz ihn bespritzte. Schließlich lag der Fisch im Sand, und bevor ich den Haken entfernte, zog ich eine Darmsaite durch seine Kiemen. Ich wollte diese schimmernde Beute, die auf meiner Waage fast acht Pfund wog, nicht im letzten Augenblick wieder verlieren. Die Darmschnur band ich an einer starken Weidenwurzel fest, dann nahm ich einen neuen Köder und ging mit wildem Herzklopfen zur Sandbank zurück.

In den zwei folgenden Stunden fing ich nur noch drei fette, gelbbäuchige Kaulköpfe von je einem Pfund Gewicht. Dazwischen besuchten Rascal und ich mehrmals den angebundenen Katzenwels.

Es war fast Mittag, und da die Fische nicht mehr anbissen, packte ich meine Geräte zusammen und nahm die Angelrute auseinander. Auf der Heimfahrt war Rascal neben den vier Fischen etwas eingeengt, aber wir beide fühlten tiefe Befriedigung.

Im Gasthaus bei Indian Ford kaufte ich eine Flasche Erdbeerlimonade, und schon witterte Rascal einen neuen Genuß. Ohne auch nur um Erlaubnis zu bitten, steckte er seine Finger in den Flaschenhals, leckte sie ab und fing begeistert an zu betteln. Ich trank die Limonade bis auf einen kleinen Rest aus, dann goß ich Rascal eine Kostprobe ins Maul. Zu meiner Überraschung umklammerte er den Flaschenhals, legte sich auf den Rücken und hielt die Flasche mit allen vieren so geschickt, daß ihm die letzten süßen Tropfen auf die Zunge flossen. Erdbeerlimonade blieb von da an sein Lieblingsgetränk. Zitronengeschmack war ihm zu sauer.

Alle Waschbären haben eine Vorliebe für glänzende Gegenstände, und Rascal bildete keine Ausnahme. Türknöpfe aus Messing, Glasmurmeln, meine alte Taschenuhr und kleine Münzen faszinierten ihn. Als ich ihm drei neue Pennystücke schenkte, benahm er sich wie ein kleiner Geizhals. Er befingerte sie, roch daran, leckte sie ab und versteckte sie dann in einer dunklen Ecke, wo er auch seine anderen Schätze aufbewahrte. Eines Tages beschloß er, eine dieser Münzen in den Hof zu tragen. Die Dohle Edgar saß auf dem Geländer vor der Haustür und ärgerte die Katzen mit herausforderndem Geschrei und Gekrächze, aber immer schön außerhalb ihrer Reichweite. Kaum hatte dieser alte Zänker den Waschbären gesehen, der leise die Hintertür aufschob und mit seinem golden blitzenden Penny in die Sonne trat, als er auch schon die Flügel zu spreizen und kämpferisch herumzustelzen begann.

Edgar und Rascal konnten sich von jeher nicht ausstehen. Es war eine Abneigung auf den ersten Blick gewesen. Dohlen wissen genau – wie die meisten Vögel –, daß die Waschbären Eier stehlen und manchmal sogar junge Vögel aus dem Nest holen. Außerdem war Edgar eifersüchtig, weil er mich beobachtet hatte, wenn ich meinen kleinen Waschbären fütterte und streichelte. Inzwischen aber war Rascal groß genug geworden, um Edgar ein paar Schwanzfedern auszurupfen, und im allgemeinen setzte sich die kluge Dohle dieser Gefahr nicht aus.

Doch das Geldstück funkelte so verlockend, daß Edgar alle Vorsicht in den Wind schlug und einen Sturzflug unternahm. (Denn auch die Dohlen sind auf glänzende Gegenstände erpicht und dazu unverbesserliche Diebe.)

Rascal trug den Penny im Maul, und als Edgar im Flug zupackte, erwischte er nicht nur die Münze, sondern auch einige der drahtigen Haare von Rascals Backenbart. Infolgedessen gelang dem Räuber die geplante pfeilschnelle Flucht nicht, denn er war so gut wie angebunden. Rascal stieß einen schrillen Schrei aus und verteidigte Geld und Leben. Schwarzglänzendes Gefieder und wütend gesträubtes Fell vermengten sich im wilden Kampf, der sich nun entspann. Ich rannte hin und trennte sie, aber das nahmen mir beide übel. Zum ersten Male zwickte mich Rascal flüchtig in die Hand, und Edgar krächzte unliebenswürdige Bemerkungen.

Unterdessen war die Münze ins Gras gerollt; Edgar erspähte sie alsbald und machte sich mit ihr davon. Zur Irreführung eventueller Verfolger flog er wie üblich zunächst in verschiedene Richtungen, bevor er im Glockenstuhl der Methodistenkirche verschwand, wo er wahrscheinlich sein Diebsgut hortete.

Ich besänftigte Rascal mit einem Trostpenny, ging wieder zu meinem Kanu ins Wohnzimmer und vergaß den Zwischenfall.

Die Zeichnung, die ich im Handwerksunterricht in der Schule angefertigt hatte, sah ein schmales Boot von 6 Meter Länge und 76 Zentimeter Breite vor. Die schlanken Längsplanken liefen an Bug und Heck zusammen und wölbten sich um quergestellte Spanten. Diese Teile und der Innenkiel waren schon fixiert. Ein Problem bedeuteten dagegen die Außenspanten von Dollbord zu Dollbord. Ich hatte den Versuch gemacht, Hickoryholz unter Dampfdruck zu biegen, aber da mir das richtige Werkzeug fehlte, mußte ich diese Methode aufgeben.

Dann kam mir ein guter Einfall. Nichts ist zäher als die Wasserulme, deren Holz zur Herstellung von Käsebehältern verwendet wird. Ein günstiger Umstand war auch, daß diese dünnwandigen Behälter schon kreisförmig sind. Mit den meisten Händlern war ich befreundet. Sie kauften mir die schön gebündelten Radieschen aus meinem Gemüsegarten ab und gaben mir Fleischabfälle und alte Brotlaibe für Wowser. Es schien mir ziemlich sicher zu sein, daß sie mir auch leere Käsebehälter geben würden.

Bei Pringle bekam ich den ersten Käsebehälter und in Wilsons Gemüseladen den zweiten. Noch ehe ich die Hälfte aller Lebensmittelgeschäfte aufgesucht hatte, war mein Bedarf schon gedeckt. In unserem Wohnzimmer zeichnete ich nun auf diese Zylinder fünf Zentimeter breite Streifen ein und machte mich mit der besten Säge meines Vaters an die mühselige Arbeit, die federleichten Außenspanten herzustellen. Einige zersplitterten, aber mit Geduld brachte ich schließlich doch zweiundvierzig Stück zustande. Zu meiner Freude konnte ich feststellen, daß diese Holzbänder ihre runde Form tadellos behielten.

Natürlich entstand durch die Arbeit beträchtliche Unordnung im Wohnzimmer, besonders als ich die Spanten mit Sandpapier abschliff, zuerst mit grobem, dann mit der feinsten Sorte. Das Holz wurde seidenglatt und rahmweiß, es fühlte sich wunderbar an.

Ich war eifrig mit dem Abschleifen beschäftigt, und Rascal turnte am unfertigen Kanu herum, als draußen auf der bekiesten Zufahrt ein Auto hielt, dem meine schöne Schwester Theo mit einem ihrer Dienstmädchen entstieg. Theos aristokratische Züge hatten einen entschlossenen Ausdruck, und ihre Augen glänzten genauso wie ihr dichtes braunes Haar.

»Theo, Theo!« schrie ich freudig und rannte ihr entgegen, um sie zu umarmen.

»Hallo, Sterling – aber du bist ja voller Sägemehl!«

»Weißt du, Theo, ich baue ein Kanu.«

»Großartig. Aber wo denn?«

»Im Wohnzimmer«, sagte ich mit niedergeschlagenen Augen.

»Lieber Himmel! Komm, hilf Jennie mit den Koffern und stell sie in das untere Schlafzimmer.«

Ich wagte ihr nicht zu erklären, daß ich jetzt in diesem Zimmer schlief und Rascal mir Gesellschaft leistete. Ich liebte Theo von Herzen, aber sie flößte mir einigen Respekt ein. Nach Mutters Tod hatte sie mir viel Güte gezeigt – und ein paar Jahre später, als ich an Kinderlähmung erkrankte, sollte ich wieder erfahren, was ich an ihr hatte. Aber in bezug auf gute Manieren, Kleidung, Ordnung und vieles andere kannte sie keine Nachsicht. Ihrem Drill war es zuzuschreiben, daß ich aufsprang wie ein Schachtelmännchen, sobald ein Erwachsener (vor allem eine Dame) eintrat. Gelegentlich putzte sie mich auch mit so eleganten Anzügen heraus, daß es mehrerer Faustkämpfe bedurfte, bis meine Zugehörigkeit zu unserer Bande wieder bewiesen war.

Theo warf einen einzigen Blick in das Wohnzimmer und hob die Hände gen Himmel.

»Ich habe nie in meinem Leben einen solchen Stall gesehen«, sagte sie.

»Ich fege das Sägemehl und die Späne jeden Abend zusammen.«

»Ja, das sieht man, dort im Kamin liegt das Zeug. Sterling, auf der Stelle schaffst du dieses Kanu aus dem Zimmer!«

Auch ich hatte ein wenig von dem hitzigen Temperament geerbt; ich weigerte mich energisch und erbittert. Daddy und ich, erklärte ich Theo, lebten so, wie wir es richtig fänden, und überhaupt würde ich nie mehr, außer sonntags, einen Tweedanzug oder eine Krawatte tragen.

»Du bist noch nicht zu alt für ein paar tüchtige Ohrfeigen«, erwiderte Theo, und ihre schönen Augen schossen Blitze.

»Versuch es nur.«

»Sterling, ich habe Jennie mitgebracht, damit sie dieses Haus gründlich in Ordnung bringt. Ich sorge unterdessen für anständige Mahlzeiten. Dann stellen wir eine Haushälterin an, und dieses Kanu hat zu verschwinden.« Für sie war die Sache erledigt.

»Kannst du uns denn nicht in Ruhe lassen?« sagte ich klagend. »Du bist ja nicht meine Mutter.«

»Ach komm«, sagte sie plötzlich traurig und kämpfte gegen Tränen an. Sie ging um das Kanu herum auf mich zu und küßte mich voller Zärtlichkeit.

Daß ich Theo das untere Schlafzimmer abtreten sollte, war mir selbst nicht wichtig. Sie wohnte jedesmal in diesem großen Zimmer, zu dem ein Bad gehörte, und sie behauptete immer, daß man in keinem der anderen Betten schlafen könne.

Meine Sorge war nur, wie ich es Rascal erklären sollte. Waschbären haben ihre festen Ansichten, und Rascal hatte nun einmal das Bett gewählt, das Theo für sich beanspruchte. Außerdem wünschte er ein Zimmer mit Bad. Jeden Abend ließ ich ein paar Zentimeter Wasser im großen Waschbecken stehen, sodaß er nachts trinken oder vielleicht auch eine Grille waschen konnte, bevor er sie aß. Auf welche Weise war diesem Gewohnheitstierchen begreiflich zu machen, daß man uns jetzt verbannt hatte?

Theo ahnte noch nichts von Rascals Existenz. Während unserer Auseinandersetzung hatte er uns reglos beobachtet; er pflegte sehr feinfühlig auf den Klang der Stimmen zu reagieren. Er wußte immer, ob er gelobt oder getadelt wurde und ob die Menschen freundlich oder ärgerlich waren. Dieser braunhaarigen Fremden traute er nicht ganz, obwohl sein Blick öfters von Theos glänzendem Haupt angezogen wurde.

Seine Unsichtbarkeit verdankte er der Tatsache, daß er auf einem Jaguarfell lag, das uns Onkel Justus aus Brasilien geschickt hatte. Im ausgestopften Kopf glänzten naturgetreue Glasaugen, die Rascal oft befühlte und herauszunehmen versuchte. Von diesem gefleckten Fell der einstmals gefährlichen Raubkatze war mein kleiner Waschbär kaum noch zu unterscheiden.

Als sich Rascal jetzt wie der Geist eines Jaguars von seiner Unterlage erhob, fiel Theo beinahe in Ohnmacht.

»Was ist denn *das*?« rief sie.

»Das ist Rascal, mein kleiner Waschbär.«

»Was soll das heißen? Hält er sich hier im Haus auf?«

»Nicht den ganzen Tag über.«

»Beißt er?«

»Nur wenn du ihn schlagen oder anschreien würdest.«

»Bring das Tier sofort weg, Sterling.«

»Also gut«, sagte ich widerstrebend. Ich willigte nur ein, weil ich wußte, daß Rascal wieder durch die Hintertür hereinkommen konnte, wann immer er wollte.

Den Rest des Tages verbrachte er schlafend in seiner

Eiche, aber als in dieser Nacht der Mond aufging, kletterte er rückwärts hinunter, tappte zur Hintertür, öffnete sie mühelos und schlich vertrauensvoll in unser Schlafzimmer, wo er zu Theo ins Bett kroch. Mein Vater und ich fuhren im oberen Stockwerk aus dem Schlaf auf, als ein markerschütternder Schrei durch das Haus gellte. Hals über Kopf stürzten wir ins Erdgeschoß und erblickten Theo, die auf einem Stuhl stand, während ein friedlicher kleiner Waschbär auf dem Fußboden saß und zu diesem verrückten, wie eine Feuersirene brüllenden Menschenwesen hinaufstarrte.

»Er schläft eben immer in diesem Bett«, erklärte ich. »Er ist ja harmlos und auch absolut sauber.«

»Auf der Stelle kommt dieses gräßliche Tier aus dem Haus«, befahl Theo, »und die Hintertür machst du gefälligst so zu, daß er nicht wieder hereinkann.«

»Meinetwegen«, sagte ich, »aber du schläfst in Rascals Bett, und er hat hier genau die gleichen Rechte wie du.«

»Sei nicht frech«, erwiderte sie mit wiedergewonnener Würde.

Ein weiterer Zwischenfall, der sich während dieses Besuches abspielte, muß ebenfalls erwähnt werden. Theo hatte erst vor kurzem geheiratet, und ihr Verlobungsring war sehr kostbar – ein vierkantig geschliffener, vielleicht einkarätiger Brillant, in Weißgold gefaßt. Schon mehrere Male hatte sie dieses Schmuckstück verlegt; einmal mußten wir dreißig Meter Abzugskanal aufgraben, bis sie dann entdeckte, daß sich der Ring in ihrer Handtasche befand.

Auch diesmal verschwand er wieder. Ihrer Meinung nach hatte sie ihn auf dem Waschbecken liegenlassen, als sie zu Bett ging, und sie konnte sich nichts anderes vorstellen, als daß er entweder in den Ausguß gefallen oder gestohlen worden war. Niemand in unserer Gegend schloß die Haustür ab. Seit Menschengedenken war kein Einbruch vorgekommen.

Wir durchstöberten das ganze Haus, suchten im Gras

und in sämtlichen Blumenbeeten und beschlossen zu guter Letzt, abermals den Abzugskanal aufzugraben. Plötzlich kam mir ein Geistesblitz. Kurz vor Tagesanbruch hatte ich gehört, daß sich im Hof ein erbitterter Kampf zwischen Rascal und Edgar abspielte, aber bevor ich richtig aufwachte, war das Geschrei und Gefauche verstummt, und ich hatte mich wieder aufs Ohr gelegt.

Mit dem Scharfsinn eines Detektivs von Scotland Yard begann ich nun eine Theorie aufzubauen. In der vergangenen Nacht, der vierten seit Theos Ankunft, hatte ich den Haken an der Hintertür nicht eingehängt. Rascal war vermutlich ins Haus geschlichen und in das untere Schlafzimmer eingedrungen, wo er wohlweislich davon absah, wieder eine Szene hervorzurufen. Immerhin beschloß er, sich einen Trunk frischen Wassers zu gönnen, kletterte auf das Fenstersims und von dort auf das Waschbecken und stellte fest, daß es leer war. Doch – o Freude! – auf dem Beckenrand lag das Schönste, was er je gesehen hatte: ein Brillantring, der im Morgengrauen bläulichweiß schimmerte.

Falls meine Mutmaßungen stimmten, hatte Rascal daraufhin den Ring an sich genommen und in den Hinterhof getragen, wobei ihn Edgar ertappte. Damit erklärte sich der Kampf zwischen Waschbär und Dohle, der mich geweckt hatte.

Wahrscheinlich war der schwarze Räuber wieder als Sieger daraus hervorgegangen – wenigstens in bezug auf den Punkt, daß er mit der Beute davonfliegen konnte.

Ich mußte den Methodistenpfarrer um Erlaubnis bitten, bevor ich den staubigen Aufstieg zum zwanzig Meter hohen Glockenstuhl unternahm. Der Turm war dunkel und voller Spinnweben, und einige lose Sprossen brachten mich beinahe zu Fall. Aber ich hatte mich nun einmal auf das Abenteuer eingelassen, es gab keinen Rückzug. Endlich erreichte ich den luftigen obersten Raum, der durch die

Schallöcher eine wunderbare Aussicht auf die Stadt und den Fluß bot. Ich versank einige Minuten lang im Anblick der unter mir liegenden Welt. Dann berührte ich die mächtige Glocke, die mit siebenundvierzig tiefen Schlägen für meine Mutter geläutet hatte und eines Tages neunundneunzigmal für meinen Vater anschlagen sollte.

Nach einer Weile erinnerte ich mich an meine Mission und sah mich im Glockenstuhl um. Ein übereifriger Dummkopf hatte ausgerechnet hier oben alte Gebetbücher aufgestapelt, und dahinter entdeckte ich das wirre Nest aus Zweigen und Blättern und schwarzen Federn, das Edgar als Heim betrachtete. Ganz ähnlich wie manche Leute, die ihr Geld in der Matratze aufbewahren, hatte Edgar sein Bett noch unbequemer gemacht, als es ohnedies war, indem er einen Haufen funkelnder Schätze hineinstopfte. Zum Teil waren sie sogar über den Rand gefallen. Hier also waren all die verlorenen Murmeln aus Glas und Stahl und auch die eine aus echtem Achat! Hier war meine Fußballpfeife, die er mir gestibitzt hatte, während er sich über dem dichtesten Getümmel herumtrieb und »Mordsspaß!, Mordsspaß!« schrie. Hier fand ich Abfälle von Kupferblech, unseren zweiten Autoschlüssel und – Wunder aller Wunder – auch Theos Brillantring.

In diesem Augenblick kam Edgar nach Hause, aber diesmal schrie er nicht »Mordsspaß!« Er ließ sich auch nicht von mir streicheln, sondern krächzte und schimpfte empört, als wäre ich der Dieb und er ein ehrenwerter Hausherr.

Meine schönsten Murmeln, den Autoschlüssel, die Signalpfeife und Theos Ring steckte ich in die Taschen, aber das übrige Glitzerzeug ließ ich ihm. Ich wußte ja, daß Edgar ein Stück Kupferblech nicht von einem Brillantring unterscheiden konnte. Seine heiseren Vorwürfe begleiteten mich auf dem ganzen Abstieg und bis hinaus in die helle Sonne.

Theo freute sich so über den Ring, daß sie nichts mehr

über mein Kanu im Wohnzimmer sagte. Und sie schob sogar den Plan auf, eine Haushälterin anzustellen. Sie kochte uns nur herrliche Mahlzeiten und brachte mit Jennies Hilfe das Haus auf Hochglanz. An allen Fenstern hingen frisch gewaschene Vorhänge. Dann ging sie wieder, mit einem Abschiedskuß und kurzem Winken – schön und ritterlich, tapfer und unberechenbar ist meine Schwester Theo gewesen.

Menschen, die auswandern, leiden oft unter schrecklichem Heimweh. Um sich in der neuen Umgebung vertrauter zu fühlen, lassen sie sich »heimatliche« Tiere nachsenden, die sie dann im fremden Land einfach auslassen. Es gibt auch Menschen, die es höchst langweilig finden, immer auf dieselben Tiere Jagd zu machen, und die daher fremde, exotische Tiere in ihren Wäldern freilassen. Und dann gibt es auch unfreiwillige Aussetzungen, »Ausbrecher«, Tiere, die z. B. aus Pelzfarmen flüchten. All das ist schuld an der fortschreitenden Ausbreitung der Waschbären in Mitteleuropa.

Die Waschbären finden in unseren Wäldern ähnliche Umweltbedingungen wie in den Wäldern Nordamerikas, woher sie kommen, und da sie bei ihrer Nahrung nicht sehr wählerisch sind (auch Mülldeponien sind beliebte Futterplätze!), gedeihen sie hier prächtig. So ist bereits die Hälfte der Bundesrepublik Deutschland von Waschbären »besetzt«, und die Zahl der Waschbären wird sicher noch ansteigen. Für Jäger ist es recht schwierig, einen Waschbären aufzustöbern. Er lebt viel heimlicher und versteckter als unsere Füchse und Dachse und entfernt sich auch nie weiter als höchstens 5 km von seinem angestammten Ruheplatz.

Warum er als Bereicherung unserer heimischen Fauna nicht sehr beliebt ist? Er hat hier keine natürlichen Feinde – wie es in seiner Heimat Luchs und Puma sind – und vermehrt sich deshalb allzu stark. Je mehr Waschbären es gibt, desto knapper wird ihre Nahrung. So kann es geschehen, daß sich der Waschbär z. B. auch einmal an Auerhühnern vergreift, die ohnehin leider bereits selten geworden sind.

Fremdländische Tiere finden meist keine »Planposten« bei uns und können so zu »Schädlingen« werden. Es ist daher ganz allgemein verboten, Exoten bei uns in freier Natur auszusetzen.

Nordamerikanischer Waschbär (Procyon lotor)

Der Waschbär zählt zur Familie der Kleinbären. Seine Heimat sind die Wälder Südkanadas bis Mittelamerikas; sein englischer Name »Racoon« leitet sich vom indianischen Wort »arakun« – »Kratzhändchen« – ab. Seit 1934 finden sich

Waschbären auch auf dem europäischen Kontinent, wo man sie in Deutschland in die freie Wildbahn entlassen hat. Seither ist der Waschbärenbestand auch in Europa ständig im Steigen begriffen. Waschbären erreichen die Körpergröße von größeren Hauskatzen – ca. 60 cm Kopf/Rumpflänge, Schwanzlänge ca. 20–30 cm. Ihr Gewicht schwankt zwischen 3,5 und 9 kg (während der Winterruhe, die ab Temperaturen von –4 Grad eingehalten wird, kommt es mitunter zu 50% Abnahme des Körpergewichts). Ihr Höchstalter liegt bei 15 Jahren.

Streifenskunk (Mephitis mephitis)

Das Stinktier oder der Skunk aus der Familie der marderartigen Raubtiere ist von Kanada und den USA bis nach Nordarizona verbreitet. Männchen werden ungefähr 58 cm lang, Weibchen ca. 50 cm.

MAX ALFRED ZOLL

Affenkinder

Pepi, der Urwaldmechaniker

Es war vor dem Krieg, in jener Zeit, als man sich noch keine Sorgen um das Verschwinden der Orang-Utans auf Sumatra und Borneo zu machen brauchte. Da kam geradewegs aus Pontianak ein kleiner Orangjunge in Hellabrunn an. Der braunrote Insulaner von Borneo erhielt den Namen Pepi. So wurde er in der Kartothek geführt, in die alle in Hellabrunn gehaltenen Menschenaffen aufgenommen werden, und so rief man ihn auch. Der junge Orang-Utan gewöhnte sich wie alle neuankommenden Menschenaffen an seinen Namen und überraschend schnell auch an all die neuen Dinge, die er bei uns kennenlernte.

Pepi war, seit ich ihn kannte, ein Sonderling. Er verteilte Gunst und Abneigung nach einem unerfindlichen Schlüssel an alles um sich her, und was er einmal mochte oder ablehnte, das blieb so für ihn unverändert – mit der bei Orangs so konsequenten Dickköpfigkeit.

Zwei Dinge mochte er gar nicht, die Zahnbürste und den Seifenlappen. Dabei waren gerade diese beiden Kulturinstrumente überaus wichtig, um die jungen Urwaldbewohner unter den nun völlig neuen Lebensbedingungen in Mitteleuropa vor den für sie so gefährlichen auf und in Menschen nistenden Bakterien zu bewahren. Pepi haßte die Zahnbürste. Er konnte die Herumkratzerei an seinen Zähnen nicht ausstehen. Sobald er seine Pflegerin abends mit der Zahnbürste in den Käfig kommen sah, turnte er blitzschnell auf die oberste Kletterstange, und es kostete immer viele gute Worte und mindestens zwei Bananen, um ihn von dort wieder herunterzulocken.

Hingegen interessierten den kleinen Orang-Utan alle technischen Dinge brennend.

Das zeigte er schon am Tage seiner Ankunft. Als Pepi mit seinem dicken Kugelbauch wie ein riesiger Fußball mit vier haarigen Haxen aus seinem gepolsterten Transportbehälter kletterte, stürzte er sich nicht etwa verfressen auf den bereitgestellten Teller, auf dem allerlei leckere Dinge, Orangen, Äpfel, Birnen, Bananen und Nüsse lagen. Nein, Pepi fand andere Sachen viel interessanter. Er krabbelte sofort auf den Obstschrank, schwang sich von dort auf die Deckenbeleuchtung und begann in aller Gemütsruhe die Lampenfassung abzumontieren. Er verriet dabei allerhand Begabung für Technik und hat sich dann, solange er bei uns lebte, in diesem Fache hinreichend betätigt. Pepi war ein technisches Genie, ein Mechaniker, was um so erstaunlicher ist, als er ja direkt aus dem Urwald Borneos kam.

Damals wurden die Hellabrunner Menschenaffenkinder noch täglich in einem Kinderwagen spazierengefahren. Alle anderen jungen Menschenaffen, die Schimpansen und Orang-Utans, lagen faul im Wagen und ließen sich von ihrer Pflegerin durch den Park schieben. Pepi aber kletterte beim kleinsten Aufenthalt sofort aus dem Wagen und verschwand eilends unter dem Fahrgestell. Er drehte die Ventile aus den Schläuchen und hatte eine diebische Freude an der zischend entweichenden Luft. Nach wenigen Übungen hatte er es auch heraus, die Räder abzumontieren, und die verzweifelte Wärterin mußte auf solch einer Fahrt mehr als ein Dutzend Mal dem kleinen Tüftler auf die Finger klopfen, wenn er es gar zu toll trieb und seine begabten Hände immer wieder zwischen die Speichen der rollenden Räder steckte.

Es gab für Pepi kein größeres Vergnügen, als seiner Pflegerin bei einer passenden Gelegenheit, meistens bei der Fütterung, die Schlüssel aus der Tasche zu klauen und damit im Türschloß herumzufummeln. Manchmal sogar

Halbwüchsiger Orang-Utan

das Schnappschloß zu öffnen. Das versuchten zwar auch die anderen Affen, aber sie waren viel ungeschickter, und ihre Absicht wurde schon durchschaut, ehe sie an die Schlüssel herangekommen waren. Pepi täuschte seiner Pflegerin Zärtlichkeit vor, und prompt fiel sie dann auch auf den durchtriebenen Burschen herein. Ehe sie noch wußte, was geschah, hatte Pepi schon – zwischen zwei Umarmungen – die Schlüssel in der Hand und stahl sich heimlich damit fort.

Mit einem Stück Draht, das bei einer Reparatur im Käfig liegengeblieben war, konnte sich Pepi stundenlang beschäftigen. Er bog den Draht zurecht und bohrte damit die Holzwände wie mit einem Spiralbohrer an. Einmal war Paul Eipper mit seinem Sohn Herbert bei uns, um die Hellabrunner Menschenaffen zu filmen. Als Herbert eine Kamera für einen Augenblick aus der Hand legte, hatte Pepi seine Chance sofort erkannt. Scheinheilig kroch er um Herbert herum, und erst als er merkte, daß dieser intensiv mit seinen Filmaufnahmen beschäftigt war, machte er sich über seinen Raub her. Er kannte von seinen Kinderwagenbasteleien die Mechanik von Schraubengewinden ganz genau. Als Herbert nach seiner zweiten Kamera greifen wollte, sah er, daß Pepi sie inzwischen in ihre Bestandteile zerlegt hatte. Dabei hatte der Orang-Utan nicht etwa Kleinholz aus der Kamera gemacht. Säuberlich hatte er Mutter auf Mutter gelöst und diese neben sich auf den Boden gelegt. Sogar den – nun allerdings durch die Sonne unbrauchbar gewordenen – Film hatte er sorgsam abgespult und sich wie ein langes Haarband um den Kopf gewickelt.

So haben wir mit Pepi manche vergnügliche Stunde erlebt. Er war unerschöpflich in seinen Einfällen und hatte eine geradezu phantastische Erfindungsgabe.

Eines Tages war Pepi auf einem Spaziergang außerhalb des Käfigs an das WC geraten. Die Druckmechanik, mit der der rauschende Sturzbach der Spülung ausgelöst wurde, interessierte ihn ungemein. Als der Wärter dazukam, sah er, daß Pepi einen abgebissenen Holzspan über den Wasserdrücker geklemmt hatte, sodaß das Wasser nun ungehemmt und pausenlos in die Klosettschüssel brauste. Pepi aber, der doch sonst so wasserscheu und dem Waschen abhold war, hatte seine dünnen Beine in die Kloschüssel gesteckt und nahm ein Fuß-Wellenbad.

Meist gingen diese Spielereien harmlos aus. Höchstens daß er dafür seinen haarigen Hintern versohlt bekam. Diese Unannehmlichkeit aber steckte Pepi gelassen ein. Der Einsatz lohnte sich für ihn. Nur einmal hatte Pepis Hang zur Mechanik schmerzlichere Folgen. An einem kühlen Herbsttag bekamen die jungen und empfindlichen Menschenaffen Bestrahlungen mit der Höhensonne. Ein Wärter beaufsichtigte die unruhige Rasselbande und sorgte dafür, daß die temperamentvolle Gesellschaft unter den wärmenden Strahlen sitzen blieb. Nur Pepi hatte sich auf seine durchtriebene Art unbemerkt entfernt und spielte an der Höhensonne herum. Und dabei kam er dem heißen Metallspiegel zu nahe. Das war ein Schmerzensschrei, zum Erbarmen! Wie ein Häufchen Unglück hockte das »gebrannte Kind« da und betrachtete seine Fingerspitzen. Und fortan scheute es tatsächlich die Höhensonne.

Das tollste Stück aber leistete sich Pepi, als eines Tages für die Menschenaffenkinder ein kleines Fahrrad angeschafft wurde. Der Wärter hatte es gerade ausgepackt und in die Turnhalle gestellt. Für einen Augenblick mußte er weg. Als er zurückkam, hatte Pepi das fabriksneue Fahrrad schon auseinandergenommen. Die beiden abgeschraubten Räder, deren Flügelmuttern für ihn kein Problem gewesen waren, ließ er wie Reifen durch die Turnhalle rollen. Als der Wärter ihn fangen wollte, klemmte Pepi eines der Räder zwischen die Greiffüße und hangelte sich mit beiden Händen wie ein Trapezkünstler an den Kletterleitern bis in die höchsten Sprossen. Der Wärter mußte hinterher. Aber es dauerte lange, bis er dem Orang das Rad wieder abgejagt hatte.

Das war Pepi, der Urwaldbastler. Wenn der Himmel ein Paradies ist, in das nach dem Ende ihrer Erdenbahn nicht nur die Menschen, sondern auch die Tiere einpassieren dürfen, dann wird sich Pepi dort sicherlich langweilen, denn Engelsflügel wird er wohl nicht demontieren dürfen.

Wenn der Onkel Doktor kommt

Eines Tages hatte der fünfjährige Schimpanse Fritzi Blut am Mund. Als der Wärter nachschauen wollte, preßte Fritzi ängstlich die Lippen zusammen. Endlich kam er selbst zu seinem Lieblingspfleger Hans und hielt ihm den offenen Mund hin. Der linke Eckzahn wackelte, aber Hans konnte den schon ganz schief hängenden Zahn nicht fassen. Das Bluten hörte nicht auf. Der uns befreundete Professor der Zahnheilkunde, Felix Ascher, der uns oft besuchte und sich besonders für die Daumenlutscher unter unseren Affenbabys interessierte, kam noch am gleichen Vormittag. Er hatte keinen weißen Kittel an und auch keine Reißzange in der Hand. Fritzi aber, der den Zahndoktor schon so oft in den Mund hatte schauen lassen, sprang mit einem weiten Satz davon und blieb auf der oberen Klettergalerie sitzen. Er kam nicht herunter, um keinen Preis der Welt! So mußten der Professor und der Wärter hinterherklettern. Als Fritzi aus Versehen doch einmal den Mund aufmachte, fuhr schon die Zange hinein und holte mit einem winzigen Dreher den lockeren Milchzahn. Nun war ja eigentlich alles vorbei, aber es ging erst richtig los. Der Wärter steckte nämlich den Zahn in die Tasche, und da wurde Fritzi teufelswild. Wenn man einem Schimpansen den Zahn zieht, darf man ihn nicht behalten, er gehört dem Affen.

Der Zahn ist ein Stück von ihm, und das will er wiederhaben. Da kennen Affen keinen Spaß. Und richtig, als Fritzi seinen Eckzahn zurück hatte, war er wieder ruhig und zufrieden. Er ließ sich sogar die Zahnlücke mit einem Tupfer säubern.

Wir finden selten ausgefallene Milchzähne bei unseren Schimpansen. Sie hüten sie eifersüchtig. Einmal überraschte Monika ihren Wärter mit einer ganzen Handvoll Affenmilchzähnen, die sie wohl irgendwo versteckt hatte. Am meisten freute sich Felix Ascher über diese Zahnsammlung, der sie für seine Vorlesungen gut gebrauchen konnte. Mir hat er dann später, wohl als Dank dafür, vor dem Antritt einer längeren Tropenreise vier Zähne auf einmal gerissen!

Unsere Affen finden es immer interessant, wenn der Onkel Doktor kommt. Da tut sich doch was! Einmal jedoch gab es eine große Aufregung. Unser Doktor hatte dem dreijährigen Orangjungen Toni eine Magensonde in die Speiseröhre hinuntergeschoben. Das war ungewohnt und für den Orang wohl auch unheimlich, denn er wehrte sich heftig, und wir mußten ihn zu viert festhalten. Endlich war der Schlauch unten und alle waren froh. Aber nicht lange, denn als der Doktor die Sonde wieder herausziehen wollte, war nichts mehr von ihr zu sehen. Als wir Toni vor einen Röntgenschirm setzten, sahen wir den Schlauch in dem Orangmagen wie einen großen zusammengerollten Regenwurm liegen. Aber Toni hatte Glück. Nach der dritten Dosis Rizinusöl war der Schlauch wieder da. Er wurde von allen, dem Affen und uns, freudig begrüßt.

Besonderen Spaß machte unseren Schimpansen das allmonatliche Abhören mit dem Stethoskop. Sie drehen sich dazu von selber um und halten dem Arzt den Buckel hin. Als der Doktor der gescheiten Resi einmal die Hörknöpfe des Hörrohres selber in die Ohren steckte und sie so ihr eigenes Herz schlagen hörte, war sie ganz aus dem Häuschen. Von da an wollte sie bei jeder Untersuchung das stürmische Bumbum ihres Affenherzens hören.

Als sich im Spätherbst 1970 die Geburt eines Schimpansenbabys durch das immer rundlicher werdende Bäuchlein unserer Resi ankündigte, wunderte sich die Schimpansin nur das erstemal, als ihr der Wärter den Bauch befühlte. Er konnte nicht nur die Bewegungen, sondern auch die Herztöne des werdenden Schimpansen spüren. Bei der nächsten Untersuchung stellte sich Resi ganz allein an das Käfiggitter und streckte dem Wärter ihren Bauch entgegen. Als aber der Doktor Resi untersuchen wollte, streikte sie. Resi hat es ihm nie vergessen, daß er ihr einst die in der Manteltasche versteckte Spritze in den Schenkel piekte. Gegen Spritzen sind alle Affen empfindlich. Am besten geht es noch, wenn der Pfleger seine Affen selber spritzt. Unser Oberwärter Willi macht das so behutsam, daß ich selber mich ihm für diese Prozedur anvertrauen würde. Wenn einer unserer Affen eine Wunde hat, zeigt er die seinem Wärter nicht nur vor, sondern läßt sie auch behandeln. Unser schlauer Orangknabe Pepi überraschte seine Pflegerin Winef eines Tages mit einem kunstgerecht verbundenen Finger. Er hatte sich um einen Hautriß selber einen Streifen vom Putztuch gewickelt.

Die Vertreter aus der Familie der Menschenaffen: Schimpanse, Zwergschimpanse, Orang-Utan und Gorilla bewohnen nicht nur verschiedene Erdteile (Schimpanse, Zwergschimpanse und Gorilla sind Afrikaner, der Orang-Utan stammt aus Borneo und Sumatra), sondern auch unterschiedliche Lebensräume. So sind die Schimpansen mehr zum Bodenleben übergegangen, während die Orangs – der Name Orang-Utan heißt ja nichts anderes als »Waldmensch« – Urwaldbewohner sind. Tiere, die in offenen Landschaften leben und sich deshalb mehr auf dem Boden aufhalten, sind stärker gefährdet als Waldbewohner. Deshalb mag der Schimpanse auch ein stärker entwickeltes »Imponierverhalten« zeigen. Er trommelt und brüllt und führt »Kriegstänze« auf, um etwa auftretende Feinde von vornherein in die Flucht zu treiben. Der Schimpanse reagiert spontaner auf Änderungen in seiner Umwelt als der Orang-Utan. Deshalb glaubte man früher, daß der Schimpanse schneller begreife als der Orang (»begreifen« heißt bei den Menschenaffen meist nichts anderes als etwas angreifen, um es näher kennenzulernen); der Orang betrachtet neue Gegenstände erst längere Zeit, bevor er sie tatsächlich »begreift«. »Schnell begreifen«, setzte man mit »intelligent« gleich, und deshalb galt der Schimpanse lange Zeit als der Klügste unter den Menschenaffen. In Wirklichkeit zeigten Versuche (Bedienen von Automaten, Werkzeugherstellen usw.) mit den verschiedenen Menschenaffen, daß Orangs, Schimpansen und Gorillas gleich intelligent sind.

Allen Menschenaffen gemeinsam ist es, daß sie als Kinder und Jugendliche viel lernen müssen, um in der Freiheit überleben zu können. Deshalb ist es nicht möglich, in Gefangenschaft geborene Menschenaffen einfach in freier Natur auszusetzen. Sie müssen erst lernen, wovor sie Angst haben »müssen«, welche Futterpflanzen genießbar sein könnten, wie sie Schlafnester bauen sollen usw. Man mußte den Affen, die in Zoos aufwuchsen, sogar Verhaltensweisen beibringen, von denen man früher annahm, daß sie den Tieren angeboren seien. So zeigte sich, daß die »Mutterliebe« den Menschenaffen keineswegs angeboren ist; wenn die Affen keine Gelegenheit gehabt haben, ihre eigene Mutter oder Tanten bei der Versorgung von Babys zu beobachten, wissen sie mit ihren eigenen Säuglingen nichts anzufangen, ja sie beginnen sogar, sich vor den eigenen Jungen zu fürchten. Deshalb erhalten Menschenaffen Unterricht in »Lebenskunde«; so kommt z. B. in einem europäischen Zoo eine Menschenmutter mit ihrem Säugling, um trächtigen Menschenaffenweibchen zu zeigen, wie man Babys hält und wie man mit Babys zärtlich umgeht. Diese Beispiele lassen einen auch verstehen, wie schwierig Versuche sind, Menschenaffen in ihrer ursprünglichen Heimat einzugewöhnen. Man unternimmt sie dort, wo diese Tiere selten geworden sind. Auf Borneo hat Barbara Harrison mit Orangs Aussetzungsversuche unternommen, und Eddie Brewer hat in Afrika versucht, Schimpansen an ein Leben in freier Natur zu gewöhnen. Ob sie damit auf die Dauer Erfolg haben werden, steht freilich noch in den Sternen.

Orang-Utan (Pongo pygmaeus)

Der Orang-Utan ist der einzige asiatische Vertreter aus der Familie der Menschenaffen (Gibbons zählt man heute nicht mehr zu dieser Familie). In 2 Unterarten besiedelt er die tropischen Regen- oder Bergwälder bis in Höhen von 2000 Metern auf den Inseln Borneo und Sumatra. Er erreicht Körpergrößen bis 1,50 m (die Weibchen sind etwas kleiner). Männchen können ein Gewicht von 75 bis 100 kg erreichen, Weibchen sind nur ca. 50 kg schwer. In Gefangenschaft erreichen sie ein Alter von 40 Jahren.

Schimpanse (Pan troglodytes)

Zur Gattung Pan zählt neben dem Schimpansen auch der Zwergschimpanse; auch er bewohnt den afrikanischen Kontinent. Der Schimpanse lebt in den Urwäldern Afrikas, ist aber auch in den Savannen anzutreffen. Seine Kopf/Rumpflänge: 70 bis 90 cm, Gewicht des Männchens bis 50 kg, das Weibchen ist etwas kleiner und leichter. Alter: bis 40 Jahre.

KONRAD LORENZ

Das Gänsekind Martina

Meine erste kleine Graugans war auf der Welt, und ich wartete, bis sie unterm elektrischen Heizkissen, das den wärmenden Bauch der Mama ersetzen mußte, so weit erstarkt war, daß sie den Kopf aufrecht zu tragen und ein paar Schrittchen zu gehen imstande war.

Den Kopf schiefgestellt, sah sie mit großem, dunklem Auge zu mir empor. Mit *einem* Auge, denn wie die meisten Vögel fixiert auch die Graugans, will sie etwas ganz genau sehen, einäugig. Lange, sehr lange sah mich nun das Gänsekind an. Und als ich eine Bewegung machte und ein kurzes Wort sprach, löste sich mit einem Male die gespannte Aufmerksamkeit, und die winzige Gans grüßte: Mit weit vorgestrecktem Hals und durchgedrücktem Nakken sagte sie sehr schnell und vielsilbig den graugänsischen Stimmfühlungslaut, der beim kleinen Küken wie ein feines, eifriges Wispern klingt. Sie grüßte genau, aber auch schon haargenau, wie eine erwachsene Graugans und wie sie es noch tausendemale in ihrem Leben tun wird. Sie grüßte aber auch so, als hätte sie schon tausendmal in genau derselben Weise gegrüßt. Selbst der beste Kenner dieser Zeremonie hätte ihr nicht ansehen können, daß sie es soeben zum allerersten Male in ihrem Gänseleben tat. Noch wußte ich nicht, welche schweren Verpflichtungen ich damit auf mich genommen hatte, daß ich der Musterung des dunklen Äugleins standgehalten und mit einem unbedachten Wort die erste Begrüßungszeremonie ausgelöst hatte.

Ich wollte nämlich die von der Truthenne ausgebrüteten Gänseküken nach dem Schlüpfen der Hausgans anvertrauen, die zwar nur zehn Eier ausbrüten, aber sehr wohl zwanzig Gänschen führen konnte. Als mein Küken »fertig« war, waren eben unter der Hausgans drei weitere geschlüpft. Ich trug mein Kind in den Garten, wo die dicke Weiße in der Hundehütte saß, aus der sie den rechtmäßigen Besitzer rücksichtslos vertrieben hatte. Ich steckte mein Gänsekind tief unter den weichen warmen Bauch der Alten und war überzeugt, das Meinige getan zu haben.

Es dauerte ein paar Minuten, während deren ich in beglückter Meditation vor dem Gänsenest sitzen blieb, da ertönte unter der Weißen hervor, wie fragend, ein leises Wispern: Wiwiwiwiwi? Sachlich und beruhigend antwortete die alte Gans mit demselben Stimmfühlungslaut, nur in ihren Tonlage: Ganganganganggang! Doch anstatt sich daraufhin zu beruhigen, wie jedes vernünftige Gänsekind getan hätte, kam meines rasch unter dem wärmenden Gefieder hervorgekrochen, sah mit einem Auge empor, der Pflegemutter ins Gesicht und – lief laut weinend von ihr weg: Pführ . . . pführ . . . pführ . . . So etwa klang das »Pfeifen des Verlassenseins« der kleinen Graugans, das allen Jungen nestflüchtender Vögel in irgendeiner Form zu eigen ist.

Graugans mit Jungen

Hoch aufgerichtet, ununterbrochen laut pfeifend, stand das arme Kind auf halbem Wege zwischen der Gans und mir. Da machte ich eine kleine Bewegung – und schon war das Weinen gestillt, und das Kind kam, mit lang vorgestrecktem Halse, eifrigst grüßend auf mich zu: Wiwiwiwiwi ... Das war gewiß rührend, aber ich hatte nicht die Absicht, Gänsemutter zu spielen. Ich packte also das Kind, steckte es wieder tief unter den Bauch der Alten und lief davon. Ich kam keine zehn Schritte weit, da hörte ich schon hinter mir: Pfühp ... pfühp ... pfühp ... und das arme Kind kam verzweifelt gelaufen. Stehen konnte es noch nicht, nur auf den Fersen sitzen, auch bei langsamem Gehen war es noch recht unsicher und wackelig. Aber unter dem Druck der Not hatte es doch schon die Bewegungsweise des schußartigen, sehr schnellen Laufens in seiner Gewalt.

Es hätte einen Stein rühren können, wie das arme Kind mit überschnappendem Stimmchen weinend hinter mir herkam, stolpernd und sich überkugelnd, aber mit erstaunlicher Geschwindigkeit und einer Entschlossenheit, deren Bedeutung nicht mißzuverstehen war: Ich, nicht die weiße Hausgans, sei ihm Mutter! Seufzend schulterte ich mein Kreuzchen und trug es ins Haus zurück. Ich tat, als hätte ich die kleine Gans adoptiert, nicht sie mich.

Das Gänsekind erhielt in feierlicher Taufe den Namen Martina.

Der Rest des Tages verging mir, wie er eben einer Gänsemutter zu vergehen pflegt. Wir gingen auf eine Wiese zartes junges Gras weiden, und es gelang mir, mein Kind davon zu überzeugen, daß gehacktes Ei mit Brennesseln ein gutes Essen ist. Und dem Kinde seinerseits gelang es, mir überzeugend beizubringen, daß es, wenigstens vorläufig, völlig ausgeschlossen sei, auch nur eine Minute von ihm wegzugehen und es allein zu lassen. Es geriet nämlich dann sofort in eine so verzweifelte Angst und weinte so herzzerreißend, daß ich nach einigen Versuchen klein beigab und ein Umhängekörbchen baute, in welchem ich es dauernd bei mir tragen konnte. Schlief das Kind, war es mir wenigstens möglich, mich in der Zwischenzeit frei zu bewegen.

Es schlief nie lange in einem Zug durch, was mir während des ersten Tages nicht weiter auffiel, wohl aber während der Nacht. Für die Nacht hatte ich meinem Gänsekind eine wunderbare, elektrisch gewärmte Wiege bereitgestellt, die schon manchen Nestflüchterkindern die wärmende Mutterbrust ersetzt hatte. Als ich spät abends meine kleine Martina unter das Wärmekissen schob, sagte sie sofort zufrieden das sehr rasche Wispern, das bei jungen Gänsen Ausdruck der Einschlafstimmung ist und wie »Wirrrrrr« klingt. Ich stellte die Kiste mit der Wärmewiege in eine Ecke des Zimmers und kroch ins Bett.

Eben als ich daran war einzuschlafen, hörte ich, wie Martina leise und verschlafen noch einmal »Wirrrrrr« sagte. Ich rührte mich nicht. Da kam, etwas lauter und wie fragend, der Stimmfühlungslaut: Wiwiwiwi? Selma Lagerlöf, deren herrliches Buch vom kleinen Nils Holgerson meine Kindheit so sehr beeinflußt hatte, trifft die Bedeutung des Stimmfühlungslautes mit genialer Einfühlung, wenn sie ihn mit »Hier bin ich, wo bist du?« übersetzt. Wiwiwiwiwi – hier bin ich, wo bist du? Ich antwortete immer noch nicht, wühlte mich tiefer in die Kissen und hoffte inständig, daß das Kind wieder einschlafen würde: aber nein. Wiwi – noch Stimmfühlungslaut, jedoch mit einer bedrohlichen Beigabe des Verlassenseins, hier bin ich – wo bist du?

Und im nächsten Augenblick ging es los, scharf und durchdringend: Pfühp . . . pfühp . . . Ich mußte heraus aus dem Bett und hinüber zur Kiste. Martina empfing mich beglückt und grüßend: wiwiwiwiwiwi; es wollte kein Ende nehmen vor Erleichterung darüber, daß sie nicht mehr in

Junge Graugans

Nacht und Nebel allein war. Ich schob sie sanft unter das Wärmekissen: wirrrrr, wirrrrr, sie entschlummerte sofort und programmgemäß. Ich tat das gleiche. Aber nach kaum einer Stunde, etwa um halb elf, kam aufs neue das fragende Wiwiwiwiwi, und der eben geschilderte Vorgang wiederholte sich getreulich. Und um Viertel vor zwölf noch einmal. Und um ein Uhr wieder.

Da raffte ich mich um Viertel vor drei zu einer durchgreifenden Veränderung auf. Ich packte die Wiege und stellte sie in Griffweite neben das Kopfende meines Bettes. Als um halb vier voraussagegemäß wieder das fragende »Hier bin ich – wo bist du?« kam, antwortete ich in gebrochenem Graugänsisch: gangangang und klopfte ein wenig auf das Heizkissen. »Wirrrr«, sagte Martina, »ich schlafe schon, gute Nacht.« Ich habe es bald gelernt, ohne aufzuwachen, gangangang zu sagen. Ich glaube, ich würde heute noch so antworten, wenn ich fest schlafe, und jemand sagt leise zu mir: Wiwiwiwi?

Am frühen Morgen allerdings, als es hell wurde, nützte auch mein Gangangang und Beklopfen des Kissens nicht mehr. Martina merkte bei Tageslicht, daß das Kissen nicht ich sei, wollte zu mir und weinte. Was tun, wenn das reizende, heißgeliebte Menschenkindchen um halb fünf Uhr plärrt? Ganz richtig, du holst es mit einem Griff zu dir ins Bett mit der leisen Bitte zum Himmel, der Engel da möge wenigstens noch eine Viertelstunde ruhig weiterschlafen. Und er tut es auch. Und du schläfst genießerisch wieder ein und schlummerst, bis, ja bis es an deiner Seite feucht und kühl wird . . . Diese nachteiligen Folgen traten bei meiner kleinen Martina nie ein. Solange eine junge Gans sich nämlich im Seelenzustand des »Bei-der-Mutter-untergekrochen-Seins« befindet, ist sie verläßlich zimmerrein. Wacht sie jedoch auf und will aufstehen, dann muß man sie allerdings schleunigst aus dem Bett entfernen.

Martina war überhaupt ein wunderbar braves Kind. Daß

sie nicht einen Augenblick allein sein konnte, war nicht Eigensinn. Man muß bedenken, daß es für einen derartigen Jungvogel normalerweise in freier Wildbahn den sicheren Tod bedeutet, wenn er Mutter und Geschwister verliert. Es ist biologisch sinnvoll, daß ein solches verlorenes Schäfchen weder an Essen noch an Trinken oder Schlafen denkt, sondern jeden Funken Energie, bis zur völligen Erschöpfung, für Hilferufe aufwendet, die es vielleicht die Mutter wiederfinden lassen. Diese tief instinktmäßige Abneigung gegen das Alleinsein band Martina fest an meine Person. Martina folgte mir überallhin und war vollkommen zufrieden, wenn ich am Schreibtisch arbeitete und sie sich unter meinem Sessel hinlegen durfte. Sie war gar nicht lästig; es genügte ihr, wenn ich mit einem unartikulierten Grunzen antwortete, sooft sie mit ihrem Stimmfühlungslaut anfragte, ob ich noch da und am Leben sei. Am Tage tat sie das alle paar Minuten, nachts etwa jede Stunde.

Ich möchte den Menschen kennen, oder besser, ich möchte ihn *nicht* kennenlernen, den die Anhänglichkeit eines derartigen Gänsekindes nicht entzückte und rührte: wie solch ein lebendes Riesen-Salweidekätzchen gemessenen Schrittes, mit der allen Gänsen eigenen, drolligen Würde hinter dir herwandelt oder, gehst du zu schnell, angestrengt und mit weit ausgebreiteten Flügelärmchen nachgerannt kommt. Rührend, wenn auch zugleich nervensägend, ist das Pfeifen des Verlassenseins, das sofort ertönt, gehst du auch nur einen Augenblick aus dem Zimmer; noch rührender und ohne Nervensäge ist die aufgeregte Freude, wenn du wieder erscheinst, die intensive Begrüßung, die nicht enden will.

Das schönste an der zärtlichen Anhänglichkeit eines Gänsekindes aber ist, daß man mit dem Tier ins Freie gehen kann und in völlig natürlicher Umgebung und dennoch in engstem Kontakt mit dem wilden, undomestizierten Lebewesen zusammensein und es beobachten kann.

Wer kurz vor dem Ausschlüpfen der Küken sein Ohr an die Eier junger Enten, Gänse oder Wachteln legt, kann bereits aus den Eiern Stimmen hören. Wachteln z. B. machen untereinander aus, wann der geeignete Moment zum Schlüpfen gekommen sein könnte; indem sie in Stimmkontakt stehen, können sie »beschließen«, gemeinsam zu schlüpfen. So ist es für einen Vogelräuber – ein Wiesel oder einen Greifvogel – schwierig, aus der durcheinanderlaufenden Wachtelschar ein einzelnes Jungtier zu fixieren und zu fangen.

Die jungen Vögel können bereits die Stimmen ihrer Artgenossen hören, wenn sie noch im Ei sitzen. Wichtig für sie ist es aber vor allem, die Stimmen der Eltern kennenzulernen. Die Nestflüchterjungen – und Gänsejunge sind typische Nestflüchter – können zwar schon selbst laufen und fressen, sind aber ohne schützende Elterntiere verloren. Wenn sie nun die Stimmen ihrer Eltern genau kennen, können sie bei drohender Gefahr rasch den Rufen folgen und sich so rechtzeitig in Sicherheit bringen.

Will man ein Gänsekind auf den Menschen »prägen« (wie es ja bei Martina geschah), ist es am besten, schon vor dem Schlüpfen mit dem Jungen zu »reden«. Wie aus der Gänsegeschichte hervorgeht, übernimmt man bei diesen Prägeversuchen große Verantwortung. Man macht dabei ein Lebewesen vollkommen vom Menschen abhängig. Das Gänsejunge etwa hatte nie Gelegenheit, mit Artgenossen Kontakt aufzunehmen und »kennt« deshalb andere Gänse überhaupt nicht. Es kann so weit kommen, daß es vor den eigenen Artgenossen erschrocken davonläuft oder sein »Verlassenheitsweinen« hören läßt, auch wenn es inmitten einer Schar von Gänsen sitzt. Es sucht nach dem, den es nach dem Schlüpfen zum erstenmal gesehen und gehört hat – in diesem Fall nach einem Menschen.

Welcher Mensch aber hat genug Zeit, den ganzen Tag mit einer Gans herumzuziehen? Es ist ohne Zweifel besser, mehrere Gänse gemeinsam aufzuziehen. Auch dann hat der Mensch noch die Möglichkeit, die Gänse so weit zu zähmen, daß sie sein Heim als ihr Zuhause betrachten und daß sie Alarm schlagen, wenn Einbrecher kommen sollten. Sie bewähren sich dabei besser als der schärfste Wachhund!

Graugans (Anser anser)

Die Graugans ist in 2 Rassen über große Teile des nördlichen und östlichen Europa (wobei sie nur in den skandinavischen Ländern den Polarkreis überschreitet) und des mittleren Asien verbreitet; ihr Verbreitungsgebiet dehnt sich während der Winterzeit nach Süden hin aus (Nordafrika, Irak, Persien, nördliches Indien und Indochina). Diese Wildgans zählt zur Gattungsgruppe der Echten Gänse; als einziger Vertreter dieser Gruppe brütet sie auch in Mitteleuropa. Je nach Verbreitungsgebiet schwanken Körpergröße und Gewicht; im Durchschnitt sind sie 80 cm groß und 3–4 kg schwer, Höchstalter: bis 60 Jahre.

ISAAC BASHEVIS SINGER

Zlateh die Geiß

Zur Chanukka-Zeit ist die Straße vom Dorf in die Stadt gewöhnlich mit Schnee bedeckt, aber in diesem Jahr war der Winter mild gewesen. Chanukka nahte, aber nur wenig Schnee war gefallen. Meistens schien die Sonne. Die Bauern klagten, weil das Wintergetreide wegen des trockenen Wetters nur eine magere Ernte versprach. Neues Gras sproß, und die Bauern trieben ihr Vieh auf die Weide.

Für Ruben, den Pelzhändler, war es ein schlechtes Jahr, und nach langem Zögern entschloß er sich, Zlateh die Geiß zu verkaufen. Sie war alt und gab nur noch wenig Milch. Der Stadtmetzger Feivl hatte acht Gulden für sie geboten. Für diese Summe konnte man Chanukka-Kerzen kaufen, Kartoffeln und Öl für die Pfannkuchen, Geschenke für die Kinder und andere Dinge, die zu Feiertagen im Hause nötig sind. Ruben befahl seinem ältesten Sohn Aaron, die Geiß in die Stadt zu bringen.

Aaron verstand, was es hieß, die Geiß zu Feivl zu bringen, aber er gehorchte seinem Vater. Leah, seine Mutter, wischte sich Tränen vom Gesicht, als sie die Neuigkeit hörte. Aarons jüngere Schwestern, Anna und Mirjam, weinten laut. Aaron zog seine gesteppte Jacke an und setzte die Mütze mit den Ohrenklappen auf, band einen Strick um Zlatehs Hals und steckte zwei Käsebrote ein, die er unterwegs essen wollte.

Aaron sollte die Geiß abends abliefern, die Nacht über bei den Metzgersleuten bleiben und am anderen Tag mit dem Geld zurückkehren.

Während sich die Familie von der Geiß verabschiedete und Aaron den Strick an ihrem Hals zurechtrückte, stand Zlateh geduldig und gutmütig wie immer da. Sie leckte

Ruben die Hand. Sie schüttelte ihren dünnen, weißen Bart. Zlateh vertraute den Menschen. Sie wußte, daß sie immer gefüttert wurde und man ihr niemals etwas zuleide tat.

Als Aaron sie auf die Straße zur Stadt brachte, schien sie etwas erstaunt zu sein. Sie war nie zuvor in diese Richtung geführt worden. Fragend schaute sie zu ihm zurück, als wollte sie sagen: »Wohin führst du mich?« Aber nach einer Weile war sie wohl zu dem Ergebnis gekommen, daß eine Geiß keine Fragen stellen sollte. Dennoch, dieser Weg war anders als die gewohnten. Sie kamen an neuen Feldern, Weiden und strohgedeckten Hütten vorbei. Ab und zu bellte ein Hund und rannte hinter ihnen her, aber Aaron verjagte ihn mit seinem Stock.

Die Sonne schien, als Aaron das Dorf verlassen hatte. Plötzlich änderte sich aber das Wetter. Eine große schwarze Wolke, blau in der Mitte, zog von Osten auf und breitete sich rasch über den ganzen Himmel aus. Kalter Wind blies. Tief flogen krächzend die Krähen. Zuerst sah es so aus, als wollte es regnen, aber dann fing es wie im Sommer zu hageln an. Es war noch früh am Tag, aber es wurde dunkel wie zur Dämmerung. Nach einer Weile löste Schnee den Hagel ab.

Aaron hatte in seinen zwölf Jahren schon jedes Wetter gesehen, aber einen Schneefall wie diesen hatte er noch nicht erlebt. Die Schneeflocken fielen so dicht, daß das Tageslicht verlöschte. Nach kurzer Zeit war der Weg völlig bedeckt. Eisiger Wind kam auf. Die Straße zur Stadt war eng und gewunden. Aaron wußte nicht mehr, wo er war. Er konnte durch den fallenden Schnee nicht hindurchschauen. Die Kälte durchdrang bald seine gesteppte Jacke.

Zuerst schien Zlateh den Wetterwechsel gar nicht zu beachten. Auch sie war zwölf Jahre alt und wußte, was Winter bedeutet. Aber als ihre Beine immer tiefer und tiefer im Schnee einsanken, drehte sie den Kopf und schaute Aaron verwundert an. Ihre sanften Augen schienen zu fragen: »Warum sind wir bei so einem Sturm draußen?« Aaron hoffte, daß ein Bauer mit seinem Marktwagen daherkäme, aber keiner kam.

Der Schnee fiel dichter in großen Flocken auf den Boden. Aaron spürte unter seinen Stiefeln weiches, gepflügtes Feld. Er merkte, daß er vom Weg abgekommen war. Er konnte weder Osten feststellen noch Westen, wo das Dorf lag und wo die Stadt. Der Wind pfiff und heulte und trieb den Schnee in Wirbeln umher. Es sah aus, als ob weiße Kobolde über den Feldern Fangen spielten. Weißer Staub wirbelte auf. Zlateh stand still. Sie konnte nicht mehr laufen. Widerspenstig stemmte sie ihre gespaltenen Hufe in den Boden und meckerte, als ob sie darum bitten wollte, nach Hause geführt zu werden. Eiszapfen hingen von ihrem weißen Bart herunter, und ihre Hörner glänzten vom Eis.

Aaron wollte die Gefahr nicht zugeben, aber er wußte trotzdem, daß sie erfrieren würden, wenn sie keinen Unterschlupf fanden. Das war kein gewöhnlicher Sturm. Das war ein Blizzard, der schlimmste Schneesturm. Der Schnee reichte ihm bis zu den Knien. Seine Hände waren erstarrt, und seine Zehen konnte er nicht mehr spüren. Wie Holz fühlte sich seine Nase an, und er rieb sie mit Schnee ein. Zlatehs Meckern hörte sich wie Weinen an. Diese Menschen, denen sie so sehr vertraut hatte, hatten sie in eine Falle geführt.

Aaron begann zu Gott zu beten, für sich selbst und für das unschuldige Tier.

Plötzlich erkannte er die Form eines Hügels. Was das wohl sein mochte? Wer hatte den Schnee zu so einem riesigen Haufen aufgetürmt? Zlateh hinter sich herzerrend, ging Aaron darauf zu. Als er näher kam, sah er, daß es ein großer Heuhaufen war, den der Schnee zugedeckt hatte.

Aaron begriff sofort, daß sie gerettet waren. Unter großer Anstrengung grub er sich einen Weg durch den Schnee. Er war ein Dorfjunge und wußte, was zu tun war. Als er das

Heu erreicht hatte, höhlte er ein Nest für sich und die Geiß aus. Wie kalt es draußen auch sein mag, im Heu ist es immer warm. Und Heu war Futter für Zlateh. Kaum hatte sie es gerochen, so war sie zufrieden und begann zu fressen. Draußen fiel weiter Schnee. Schnell deckte er den Durchgang wieder zu, den Aaron gegraben hatte. Aber ein Junge und ein Tier müssen atmen, und es war kaum Luft in ihrem Versteck. Aaron bohrte eine Art Fenster durch das Heu und den Schnee und hielt das Loch sorgfältig frei. Nachdem Zlateh sich satt gegessen hatte, setzte sie sich auf die Hinterbeine. Sie schien ihr Vertrauen in die Menschheit wiedergewonnen zu haben.

Aaron aß seine zwei Käsebrote, aber nach dieser mühsamen Reise war er noch hungrig. Er schaute Zlateh an und bemerkte, daß ihr Euter voll war. Er legte sich so neben sie hin, daß er sich die Milch in den Mund melken konnte. Die Milch war fett und schmeckte süß. Zlateh war es zwar nicht gewohnt, auf diese Weise gemolken zu werden, aber sie wehrte sich nicht. Im Gegenteil, sie schien Aaron dafür belohnen zu wollen, daß er sie in einen Unterschlupf geführt hatte, dessen Wände, Boden und Decke aus lauter Futter für sie bestand.

Durch das Loch konnte Aaron einen Blick nach draußen werfen. Der Wind trieb Schneeschauer vorbei. Es war stockdunkel, und er wußte nicht, ob es schon Nacht geworden war oder ob der Schneesturm die Dunkelheit verursachte.

Gott sei Dank war es im Heu nicht kalt. Das getrocknete Heu, Gras und Feldblumen, strömte die Wärme der Sommersonne aus. Zlateh fraß in einem fort; sie knabberte oben und unten, links und rechts. Ihr Körper gab Wärme ab, und Aaron kuschelte sich eng an sie. Er hatte Zlateh schon immer gern gehabt, aber jetzt war sie wie eine Schwester. Er war allein, von seiner Familie abgeschnitten, und er wollte reden. So sprach er mit Zlateh.

»Zlateh, was meinst du wohl, was aus uns werden wird?« fragte er.

»Mäh«, antwortete Zlateh.

»Wenn wir den Heuhaufen nicht gefunden hätten, wären wir beide jetzt schon steifgefroren«, sagte Aaron.

»Mäh«, antwortete Zlateh.

»Wenn weiter so viel Schnee fällt wie jetzt, müssen wir tagelang hier bleiben«, erklärte Aaron.

»Mäh«, meckerte die Geiß.

»Was bedeutet ›Mäh‹?« fragte Aaron. »Du solltest deutlicher sprechen.«

»Mäh, mäh«, war die Antwort der Geiß.

»Gut, lassen wir's bei ›Mäh‹«, sagte Aaron geduldig. »Du kannst nicht sprechen, aber ich weiß, du verstehst mich. Ich brauche dich, und du brauchst mich, nicht wahr?«

»Mäh.«

Aaron wurde schläfrig. Er machte sich aus etwas Heu ein Kissen, lehnte den Kopf daran und schlummerte ein. Zlateh schlief auch.

Als Aaron die Augen öffnete, wußte er nicht, ob es Morgen oder Nacht war. Der Schnee hatte sein Fenster verstopft. Er versuchte es freizulegen, aber als er seinen Arm ganz hineingebohrt hatte, war er noch immer nicht draußen angelangt. Glücklicherweise hatte er seinen Stock bei sich und konnte so durchstoßen. Draußen war es immer noch dunkel. Schnee fiel, und der Wind heulte, zuerst mit einer Stimme und dann mit vielen. Manchmal klang es wie teuflisches Gelächter. Zlateh wachte auch auf, und als Aaron sie begrüßte, antwortete sie: »Mäh«. Ja, Zlatehs Sprache bestand nur aus einem Wort, aber das bedeutete so vieles. Jetzt sagte sie: »Wir müssen alles annehmen, was Gott uns gibt. Hitze, Kälte, Zufriedenheit, Licht und Dunkelheit.«

Aaron war hungrig aufgewacht. Er hatte seine Brote gegessen, aber Zlateh gab noch viel Milch.

Drei Tage blieben Aaron und Zlateh in dem Heuhaufen. Aaron hatte Zlateh schon immer gern gehabt, aber in diesen drei Tagen gewann er sie noch viel lieber. Sie nährte ihn mit ihrer Milch und half ihm, warm zu bleiben. Sie ermutigte ihn mit ihrer Geduld. Er erzählte ihr viele Geschichten, und immer spitzte sie die Ohren und hörte zu. Wenn er sie streichelte, leckte sie ihm Gesicht und Hände. Dann sagte sie »Mäh«. Und er wußte, das bedeutete: Ich hab' dich lieb.

Drei Tage fiel der Schnee, wenn auch nach den ersten Tagen nicht mehr so dicht, und der Wind hatte sich gelegt. Manchmal war es Aaron, als habe es niemals einen Sommer gegeben, als sei schon immer Schnee gefallen, solange er sich erinnern konnte. Er habe niemals Vater und Mutter gehabt. Er sei ein Schneekind, vom Schnee geboren, und Zlateh auch. Es war so ruhig im Heu, daß es bei dieser Stille in seinen Ohren brauste. Aaron und Zlateh schliefen die ganze Nacht und einen guten Teil des Tages. In Aarons Träumen war immer warmes Wetter. Er träumte von grünen Feldern, blühenden Bäumen, klaren Bächen und singenden Vögeln. In der dritten Nacht hörte es zu schneien auf, aber Aaron wagte es nicht, in der Dunkelheit den Heimweg zu finden. Der Himmel wurde klar, der Mond schien und warf silberne Netze über den Schnee. Aaron grub sich aus und schaute sich die Welt an. Alles war weiß, ruhig, und träumte Träume von himmlischer Herrlichkeit. Groß und nah waren die Sterne. Der Mond schwamm am Himmel wie in einem See.

Am Morgen des vierten Tages hörte Aaron das Klingeln von Schlittenglocken. Der Heuhaufen lag nicht weit von der Straße. Der Bauer, der den Schlitten fuhr, zeigte ihm den Weg – nicht in die Stadt und zum Metzger Feivl, sondern heim ins Dorf. Aaron hatte im Heuhaufen beschlossen, sich niemals mehr von Zlateh zu trennen.

Aarons Familie und die Nachbarn hatten nach ihm und

der Geiß gesucht, aber während des Sturms war keine Spur von ihnen zu finden. Sie fürchteten, daß sie verloren waren. Aarons Mutter und Schwestern beweinten ihn, sein Vater blieb still und traurig. Plötzlich kam einer der Nachbarn mit der Nachricht gerannt, daß Aaron und Zlateh die Straße herauf kämen.

Große Freude herrschte in der Familie. Aaron erzählte ihnen, wie er den Heuhaufen gefunden und wie Zlateh ihn mit ihrer Milch genährt hatte. Aarons Schwestern küßten und umarmten Zlateh und gaben ihr etwas ganz besonders Gutes zu fressen: geschnitzelte Rüben und Kartoffelschalen, die Zlateh hungrig verschlang.

Niemand dachte jemals wieder daran, Zlateh zu verkaufen. Und nun, da das kalte Wetter endgültig eingesetzt hatte, brauchten die Dorfleute auch wieder die Dienste des Pelzhändlers Ruben. Als Chanukka kam, konnte Aarons Mutter jeden Abend Pfannkuchen backen, und Zlateh bekam auch ihren Teil. Obgleich Zlateh ihren eigenen Stall hatte, kam sie oft in die Küche. Sie klopfte dann mit ihren Hörnern an die Tür, um anzuzeigen, daß sie einen Besuch machen wollte, und sie wurde immer hereingelassen. Am Abend spielten Aaron, Mirjam und Anna das Glückskreiselspiel. Zlateh lag neben dem Ofen und beobachtete die Kinder und das Flackern der Chanukka-Kerzen.

Mitunter fragte dann Aaron: »Zlateh, erinnerst du dich noch an die drei Tage, die wir zusammen verbrachten?«

Und Zlateh kratzte sich dann mit einem Horn den Hals, schüttelte den weißbärtigen Kopf und meckerte ihr »Mäh«, das alle ihre Gedanken ausdrückte und ihre ganze Liebe.

Wozu eigentlich große und berühmte Zoos auch gewöhnliche Haustiere halten? In diesen Gehegen könnten doch auch seltene exotische Tiere Platz finden. Fachleute wissen auch diese »gewöhnlichen« Haustiere zu schätzen, handelt es sich doch meist um Haustierrassen, die man auf keinem Bauernhof mehr finden kann, die vom Aussterben bedroht sind. Auch unter den Hausziegen gibt es viele »gefährdete« Rassen, etwa die Thüringer Landziege mit ihren riesigen Säbelhörnern, die Jämtlandziege aus Schweden oder die aus der Schweiz stammende Walliserziege, deren vordere Körperhälfte schwarz, die hintere reinweiß ist.

Freilich ist es für den Landwirt praktischer, mit hornlosen Ziegen zu arbeiten oder Hochleistungsrassen zu züchten, die mehr Milch geben können als die althergebrachten Rassen. Aber gerade die Hochleistungsrassen sind schon so überzüchtet, daß gesundheitliche Schäden auftreten können. Das ist nicht nur bei Ziegen so. Das Schwein z. B., das für die Erzeugung von Koteletts gezüchtet wird, kann meist nicht mehr stehen, weil sein Knochenwachstum mit dem Fleischwachstum nicht mehr Schritt hält.

Wenn derlei Erbschäden auftreten, erweist es sich als günstig, Angehörige einer alten Rasse einzukreuzen, daß es auch bei den Hochleistungsrassen wieder gesunde Nachkommen geben kann. Wären aber alle alten Rassen bereits ausgestorben, gäbe es keine Möglichkeit mehr, neue Zuchtpaare – aus alten und neuen Rassen – zusammenzustellen.

Außerdem: Es ist doch durchaus üblich, Hausrat aus früheren Zeiten zu sammeln und auszustellen, und wie dieser alte Hausrat zählen die alten Haustierrassen zu unseren Kulturgütern.

Übrigens hat die Haustierhaltung im Zoo auch praktische Seiten.

Wie man auch der Geschichte um Zlateh entnehmen kann, sind Ziegen als »Ammen« sehr beliebt, und wenn es im Frühjahr wieder Aufzuchtprobleme mit verwaisten Feldhasen oder Igeln gibt, ist jeder darüber froh, in der Nachbarschaft eine Ziege zu wissen. Unter Verwendung von Ziegenmilch wird das Feldhasen- oder Igelbaby prächtig gedeihen und ohne leidigen Durchfall aus dem ärgsten herauskommen.

Nicht nur verschiedene Hausziegenrassen sind vom Aussterben bedroht; auch die Stammform unserer Hausziege, die Bezoarziege aus den Gebirgen Vorderasiens und von den griechischen Inseln wird immer seltener. Sie wurde und wird teilweise noch stark bejagt. In früheren Zeiten wurde sie oft nur ihrer »Magensteine« wegen getötet. Das sind die sogenannten »Bezoarkugeln«; sie bilden sich aus geschluckten, verfilzten Haaren. Diese Kugeln waren ein Heilmittel. Sie wurden zerrieben und dienten als Gegenmittel bei Arsenvergiftung. Das klingt nach Aberglauben, aber erst in letzter Zeit wurde nachgewiesen, daß in den Magensteinen enthaltene Stoffe Arsen binden und unschädlich machen können. Freilich braucht aus diesem Grund heute keine Bezoarziege zu sterben. Die Medizin hat andere Gegenmittel als die Bezoarkugel.

Hausziege (Capra aegagrus hircus)

Unsere Hausziege zählt zur Gattungsgruppe der Böcke, zu der auch die Wildziegen: Steinbock, Iberiensteinbock, Schraubenziege und Bezoarziege gerechnet werden

Ziegenbock

Die Bezoarziege diente als Ausgangsform für unsere Hausziege; schon im 7. Jahrtausend vor Christus wurde sie zum Haustier gemacht. Heute finden wir aber nicht nur bezoargroße Hausziegen – Kopfrumpflänge 120–160 cm, Schwanzlänge 15–20 cm, Körpergröße 70–100 cm mit einem Gewicht von ca. 20–40 kg – sondern auch Zwergformen, wie sie in Afrika häufig gehalten werden. Das Höchstalter von Ziegen liegt bei ca. 24 Jahren.

ATTILIO GATTI

Elphu der Elefant

Überraschende Begegnung

Ich begegnete Elphu im östlichen Kenya, in dem so gut wie unbewohnten, wilden, mit Busch bedeckten Gebiet, das an das rechte Ufer des Flusses Tana angrenzt, kurz ehe seine rötlichen Gewässer über ein sandiges Delta in den Indischen Ozean einmünden – ungefähr auf halber Strecke zwischen Somaliland und Sansibar.

An jenem Tage ging ich allein, langsam und vorsichtig durch die dichte, heimtückische Vegetation und hielt dabei im großen und ganzen die Richtung ein, in der sich das Lager meiner Expedition befand. Dort, in diesem Büffel-, Rhinozeros- und Elefantenland, mußte man stets auf der Hut sein, da man niemals wissen konnte, wann das bedrückende Schweigen plötzlich durch das Knacken eines abgebrochenen Zweiges oder ein kurzes Rascheln von trockenen Blättern durchbrochen werden würde. Dann konnte man sich plötzlich auf dem Pfad eines der Riesen des Busches finden oder einem seiner gefährlicheren großen Raubtiere gegenüberstehen – einem in seiner Siesta gestörten Löwen oder einem Leoparden, der sich in geheuchelter Schläfrigkeit rund um den starken Ast eines kleinen, aber stämmigen Baumes drapiert hatte.

Ich drang ohne Eile vor und mit ganz besonderer Vorsicht. Meine jetzt nicht benötigte Kamera hing an einem Riemen um meinen Hals, und mein Gewehr hielt ich schußbereit in meiner rechten Hand, während ich die linke dazu benutzte, so behutsam und lautlos wie möglich die grüne Barriere, die fast jeden meiner Schritte zu hemmen versuchte, zu teilen. Ich hatte gerade die schwierige, ermüdende fotografische Aufgabe erledigt, die ich mir selbst für diesen langen Morgen gestellt hatte. Und ich hatte einen Pfad eingeschlagen, der mir zuerst als eine zeitsparende Abkürzung erschienen war, um früher ins Lager zurückzugelangen und zu einem dringend benötigten, kräftigen Mittagessen und einem guten, langen Mittagsschlaf zu kommen. Ich war ganz gewiß nicht zum Jagen unterwegs. Aber einige der mächtigen Bewohner dieser verlassenen Gegend würden es vielleicht sein. Ich mußte daher auf alles gefaßt sein.

Ich mußte aufpassen, wo ich meinen Fuß hinsetzte, ich mußte achtgeben, daß niemals ein Zweig oder eine Liane sich an meinem Gewehrkolben verfing oder Dornen meinen Khakianzug festhielten oder gegen meinen Tropenhelm oder die Kamera kratzten. Selbst das leiseste Geräusch bedeutete dort eine Gefahr. Jeder unnötige Laut konnte verhängnisvoll werden oder mich zum mindesten in eine fatale Lage bringen.

Wenn man sich an einer solchen Stelle und in einer solchen Situation befindet, dann spannt man alle seine Sinne an, dann ist man fast schmerzhaft wachsam. Man strengt seine Augen an, damit sie gleichzeitig vorn auf die Stelle, wo man seine langsam vorrückenden Stiefel aufsetzen wird, in die Ferne und auf beide Seiten sehen können. Mit der Nase schnuppert man wie ein Jagdhund und versucht, die leichteste verdächtige Witterung wahrzunehmen. In den Ohren saust es infolge der Anstrengung, auch den schwächsten Laut aufzufangen, der einem die verborgene Nähe eines der riesigen Tiere des Busches verraten könnte. Sogar der Tastsinn ist fortwährend angespannt und untersucht jede Empfindung, die man unter seinen Füßen, gegen seine Beine oder jede andere Stelle seines ganzen Körpers spürt, nach einem Zeichen von Gefahr.

Genau dieser Tastsinn war es, der mich an jenem Tage warnte – eine Warnung, die mich sofort da, wo ich mich gerade befand, erstarren ließ, einen Fuß halb hochgehoben, ohne den vorsichtigen Schritt, den ich gerade machen wollte, zu vollenden. *Irgend etwas Warmes hatte meinen Rücken berührt.* Und jetzt drückte sich tatsächlich irgend etwas gegen mich. Es war kein Zweig oder Gebüsch. Dafür war es zu weich. In meinen Ohren hämmerte es schmerzhaft, ich konnte aber keinen Laut wahrnehmen.

Ich stand immer noch wie erstarrt, als der Druck auf meinem Rücken sich verschob. Höher und höher ging dieses Etwas an meinem Rücken hinauf, bis es den Rücken meines Buschhemdes verließ und haltmachte und sich dann warm, rauh und doch irgendwie zart gegen die bloße Haut meines Nackens genau in dem kleinen Zwischenraum zwischen dem Kragen und meinem Tropenhelm legte.

Dann mußte ich diese Sekunden der Unbeweglichkeit, die mir wie viele Minuten erschienen waren, abbrechen. Während ich mein Gewehr hochhob, drehte ich mich langsam um. Ich sah dieses »Etwas« – und ich glaubte, meinen Augen nicht zu trauen. Was meinen Rücken und Nacken erforscht hatte und jetzt sofort daranging, ganz über mein Gesicht zu kriechen, war der Rüssel eines Elefanten!

»Scheiße!« sagte ich – obwohl es ein Wort ist, das ich sonst niemals benutze.

Scheiße oder nicht, was mir jenen Schrecken eingejagt hatte, war tatsächlich ein Elefant. Es war ein kleines Elefantenbaby, nicht ganz einen Meter groß an der Schulter, mit langem, steifem Haar, das hier und dort aus seinem rauhen Fell herausstand. Es hatte noch die ganze Unbeholfenheit eines Jungen, das noch nicht viele Wochen auf seinen eigenen Beinen stand – aber immerhin war es ein Elefant.

»Mach, daß du fortkommst«, sagte ich zu ihm, sobald ich meine Fassung wiedergewonnen hatte. »Geh zu deiner Mama, mein Freund! Sonst wird sie kommen und sich wie eine Wahnsinnige auf mich stürzen. Vielleicht wird sie

Junger Afrikanischer Elefant

denken, daß ich dich zu entführen versuchte – und wird mich töten.«

Die kleinen Augen des Elefanten folgten genau den Gesten meiner linken Hand, bis ich sie näher an ihn heranbrachte. Dann bewegte er schnell seinen behaarten Rüssel, dessen Ende ganz über mein Gesicht und meine Brust geglitten war, zur Seite, bekam mit seinem gespitzten Mäulchen meinen Mittelfinger zu packen und begann, mit einem befriedigten Grunzen begierig daran zu saugen.

»He!« sagte ich zu ihm und brachte es mit nicht geringer Schwierigkeit fertig, meinen Finger in Sicherheit zu bringen. »Was fällt denn dir ein?«

Der kleine Elefant antwortete mit einem enttäuschten Grunzen. Mit seinem dicken, kurzen rechten Vorderfuß stampfte er in beredtem Protest auf den Boden auf. Er bewegte einmal, zweimal seine riesigen Ohren hin und her, um mir zu verstehen zu geben, daß er ganz und gar nicht einverstanden war. Seinen faltigen Rüssel legte er wie ein enges Armband um mein linkes Handgelenk und machte eine neue Anstrengung, meine Hand in Richtung seines rosageränderten, weichen Mäulchens zu ziehen.

Der arme, kleine Kerl ist am Verhungern, überlegte ich, und am Verdursten, schätzte ich. Wo aber war seine Mama? Warum mochte sie ihn wohl im Stich gelassen haben? Wenn doch ein jeder weiß, daß Elefanten die eifersüchtigsten, zärtlichsten Mütter abgeben, allezeit bereit, zu töten oder sich töten zu lassen, um ihre Jungen verzweifelt zu verteidigen?

Dann durchzuckte mich ein Gedanke. Vor zwei Tagen war der Hubschrauber unserer Expedition sehr niedrig über jenes Gebiet hinweggeflogen. Es war unser erster Versuch, Wild von der Luft aus zu fotografieren, ein Experiment, das, nebenbei bemerkt, nicht erfolgreich gewesen war wegen der übermäßig starken Vibrationen des Flugzeuges. Aber, so hatte der Pilot berichtet, eine Elefantenherde sei durch diese neue Erfindung, die in so geringer Höhe in der Luft dröhnte und solchen Lärm verursachte, erschreckt worden und in wilder Flucht nach Norden gestürmt, vor dem Hubschrauber her. Von unserem Lager aus waren wir außerstande gewesen, die Herde mit unseren eigenen Augen fortrennen zu sehen. Wir hatten aber das Trompeten, das maschinengewehrähnliche Krachen der vielen kleinen Bäume gehört, die sie auf ihrer kopflosen Flucht umgerannt hatten. Wir hatten tatsächlich gespürt, wie der trockene, harte Boden unter ihren Füßen erbebte, als die 30 oder 40 Elefanten – meistens riesengroße, erwachsene Tiere – wie wahnsinnig durch den Busch stürmten.

Das arme Kleine war wahrscheinlich von seiner Mutter roh vorwärtsgestoßen worden, wie Elefantenmütter es in solchen Fällen meistens tun. Es war aber nicht imstande gewesen, mit dem schnellen Tempo der anderen Schritt zu halten. Vielleicht hatte es sich auch in dem stauberfüllten, angstvollen Durcheinander verirrt. So oder so mußte sein Kopf bei diesem Vorwärtsstürmen heftig gegen einen Baum angeprallt sein, der zu groß und zu stark für ihn war, wie eine kleine Wunde über seinem rechten Auge anzuzeigen schien. Offenbar war er durch den Aufprall betäubt worden. Bis er sich wieder erholt hatte, war die Herde schon weit fort, aus keinem ersichtlichen Grund immer noch vor unserem harmlosen, wenn auch bestimmt geräuschvollen »Hackemesser« Reißaus nehmend.

Warum wohl hatte sich der arme kleine Teufel jetzt an mich herangepirscht? Fürchtete er sich aus Instinkt nicht vor Menschen? Und warum hatte ich trotz aller Vorsicht sein Nahen nicht einmal bemerkt? Kaum hatte ich mir selbst diese letzte Frage gestellt, als ich auch schon die richtige Antwort fand. Verloren, schwach und verängstigt, war er vernünftigerweise in der Nähe des großen Baumstammes geblieben, gegen den er mit dem Kopf angerannt war. Ich konnte jetzt etwas Blut daran erkennen. Und das

Gras rundum war flachgedrückt, als ob seine großen Füße es ziemlich viele Stunden hindurch zertrampelt hätten. Fast zwei volle Tage und Nächte, genau gesagt. Es war klar, daß er geglaubt hatte, seine Mutter würde zurückkommen. Und sein großer, plumper Kopf hatte ihm gesagt, daß sie ihn leichter und schneller finden würde, wenn er genau dort bliebe, wo er sie verloren hatte.

Warum hatte er sich aber an mich herangemacht? Warum hatte er mir seine Anwesenheit verraten, wenn er doch, trotz seiner Jugend, schon gefühlt haben mußte, daß ich ihn nicht bemerkt hatte – und daß ein menschliches Wesen das letzte Geschöpf war, dem man trauen konnte?

Auch auf diese Frage erhielt ich die Antwort, sobald ich versucht hatte, mich zu entfernen.

»Nun«, beendete ich meine Überlegungen mit Entschlossenheit, wenn auch mit mehr als nur leichtem Bedauern, »es tut mir leid, dich hier so zurücklassen zu müssen. Ich muß aber zum Lager zurückkehren, ehe sich irgend jemand beunruhigt über mein spätes Kommen. Leb wohl, mein Kleiner. Und viel Glück.«

Es war aber nichts zu machen. Der kleine Elefant schüttelte den Kopf, bewegte seine Ohren, streckte seinen Rüssel aus und, mit dem Rüsselende mein Buschhemd hinten packend, setzte er seine müden dicken Beine in Gang und folgte mir. Er war geschwächt. Er war wirklich am Verhungern. Er war entsetzlich einsam und verängstigt. Er sehnte sich nach Gesellschaft und Hilfe – selbst der eines Menschen, in Ermangelung von etwas Besserem.

Ich mußte stehenbleiben. »Höre einmal zu, Elphu. In meinem Leben habe ich schon eine Menge törichte Dinge getan. Doch noch nie bin ich bisher Kinderfrau bei einem Elefantenbaby gewesen. Und ich habe nicht die Absicht, jetzt damit zu beginnen. Siehst du das ein? Auch möchte ich nicht, daß deine Mama zurückkommt und dich in unserem Lager findet, daß sie denkt, wir hätten dich gefangen und nun ihrem Zorn Luft macht und unsere gesamten Einrichtungen zerstört und vielleicht sogar ein paar von uns tötet, um dich zu befreien. Verstehst du meinen Standpunkt? Es geht einfach nicht, das ist alles.«

Das war, was ich dachte. Elphu, in seiner Starrköpfigkeit, hatte andere Ideen. Tatsächlich hatte er nur eine einzige Idee – sich unter allen Umständen an mich zu halten. Ich wollte ihn nicht adoptieren. Nun, er jedenfalls hatte *mich* adoptiert. Und dabei blieb es.

Ich konnte nicht umhin, »Okay« zu sagen. »Du hast gewonnen, du kleiner Schurke. Laß uns abmarschieren, damit wir zuallererst etwas Nahrung in dich hineinstopfen.«

Elphus tiefes, zufriedenes Rasseln verriet mir, daß er die Sache richtig begriffen hatte.

Und so geschah es, daß wir beide kurz danach einen ziemlich effektvollen Einzug in das Lager hielten, unter den verblüfften Ausrufen aller, Weißer wie Schwarzer. Ich kam mir ein wenig lächerlich vor, als ich so mit diesem Elefantenbaby im Schlepptau ankam, aber ich gab mir Mühe, eine gleichgültige Miene aufzusetzen. Elphu trottete dicht hinter mir, seine großen Ohren bewegten sich auf und ab, um die vielen Stimmen, die aufgeregt um uns herum sprachen, aufzufangen, aber er hielt noch immer den Zipfel meines Buschhemdes mit dem Ende seines behaarten Rüssels fest, als ob sein kostbares Leben davon abhinge.

Kinderfrau sein ist kein leichter Beruf

Von den mehr als 10 000 verschiedenen Arten von Säugetieren, die heute unsere Erde bewohnen, ist wahrscheinlich keines seltsamer als der Elefant. Er ist tatsächlich in fast jeder Hinsicht einzigartig. Und einige Wissenschaftler gehen soweit zu behaupten, daß Elefanten wenigstens ebensoviel Anrecht darauf haben, aus dem Tierreich ausgeklammert zu werden, wie der Mensch selbst.

Man überlege sich einmal, daß sie auf ihren Finger- und Zehenspitzen laufen, daß ihre »Knie« sich wie unsere nach vorn beugen. Ihre Nasen haben sich zu erstrangigen Greiforganen entwickelt. Wie die Menschen haben sie ein enormes Gehirn, sogar ein größeres als wir (wenn natürlich auch nicht proportional). Zugegeben, daß sie trotz aller Fabeln, die das Gegenteil besagen, bisweilen Dinge genau wie wir vergessen, aber sie haben ohne Zweifel ein hervorragendes Gedächtnis und eine ebensolche Intelligenz. Überdies ist der individuelle Elefant eine deutlich ausgeprägte eigene Persönlichkeit. Jeder einzelne hat sein eigenes Temperament und reagiert in seiner eigenen, persönlichen Weise auf verschiedene Gemütsbewegungen und Situationen, wobei er oftmals, genau wie der Mensch, eine einfache Enttäuschung oder einen Schmerz in der Leber oder ein Zahnweh mit Taten beantwortet, die in keiner direkten Beziehung zur Ursache der Störung stehen. Mit anderen Worten: Die Elefanten – und ganz besonders die afrikanischen Elefanten – sind undurchschaubare, gefährliche Geschöpfe gerade deshalb, weil sie, wie die Menschen, nicht nur denken, sondern auch oft in der unlogischsten, unerwartetsten Weise handeln und reagieren.

Obwohl ich in meinem langen Leben in Afrika sehr viel mit Elefanten zu tun gehabt habe, hielt ich es in diesen ersten Tagen, da Elphu in unserem Lager war, für meine Pflicht, mein Gedächtnis wieder aufzufrischen, indem ich noch einmal alles nachlas, was über Elefanten in den wenigen guten Nachschlagewerken, die ich bei mir hatte, stand, um meine neu übernommenen Aufgaben als Kinderfrau eines Elefantenbabys nach besten Kräften und so erfolgreich wie möglich zu erfüllen.

Es war ganz interessant für mich, wieder zu lesen, daß die afrikanischen und die orientalischen Dickhäuter wirklich ganz verschiedene Tiere sind, und das, obwohl sie zwei Abkömmlinge der viel zahlreicheren Gruppe sind, welche die Proboscidea-Klasse darstellt, deren Abstammung einige fünfzig Millionen Jahre zurückreicht bis zu kleinen, dem Tapir ähnlichen Tieren. Dieser ehrwürdige Stammbaum weist die verblüffenden Zweige der Mastodons (eine Art in die Länge gezogener, niedrigerer Parodien der Elefanten von heute) und der Mammute auf, enorme, behaarte Tiere, von denen ganze, wohlerhaltene Exemplare in jüngster Zeit aus der geforenen Komposterde der sibirischen Tundra ausgegraben und der Menschheit mit furchtbaren, prähistorischen Stoßzähnen präsentiert worden waren – von weit größerem Ausmaß als die Stoßzähne des heutigen afrikanischen Elefanten, deren Rekord ein Gewicht von 300 Pfund und eine Länge von 3,80 m darstellt.

Was konnten mir aber diese und seitenlange weitere Informationen, die mir samt und sonders wohlbekannt waren, jetzt helfen?

Etwas besser traf den Kern der Sache die Feststellung, daß der in Herden lebende, zu einem Stamme gehörige afrikanische Elefant nach einem weiten Komplex von Gemeinschaftsgesetzen, Regeln und Vorschriften und vielen gut fundierten Gebräuchen lebt. So hat man zum Beispiel beobachtet und bewiesen, daß Elefanten einer Gegend sich auf einem festgelegten Kurs weiterbewegen und es zehn Jahre dauern kann, bis diese Strecke zurückgelegt ist und sie wieder ganz von vorn beginnen, während sie in einer anderen Gegend niemals müde werden, jedes Jahr zwischen den gleichen beiden äußersten Punkten hin- und herzuwandern, und zwar stets in Übereinstimmung mit den gleichen Jahreszeiten.

Das schien bei der Herde der Fall zu sein, die von unserem Hubschrauber zufällig in die Flucht geschlagen worden war. Die wenigen einheimischen eingeborenen Jäger hatten uns mit großer Bestimmtheit versichert, daß diese eine besondere Herde alljährlich von Norden nach Süden zog und dann genau in der Jahreszeit, in der wir uns gerade befanden, aufs neue ihre Rückkehr nach Norden antrat. Da das die Richtung war, welche die Elefanten eingeschlagen hatten, als unser »Hackemesser« sie erschreckt hatte, war es durchaus denkbar, daß die 30 oder 40 Elefanten, nachdem wieder Ruhe eingekehrt war, ihre Wanderung in ihrem üblichen gemächlichen Tempo fortsetzen würden. Dieser Eindruck sollte sich bei mir noch verstärken, als nach Verstreichen mehrerer Tage unser Hubschrauber keine weiteren Nachrichten über die Herde mitbringen konnte. Offenbar, so nahm ich an, hatte sich Elphus Mama in den Verlust ihres Kalbes geschickt und würde erst im folgenden Jahr mit der ganzen Herde bei der normalen Reise nach Süden zurückkommen.

Dieses Gefühl, das bei mir jeden Tag stärker wurde, schien auch Elphu voll und ganz zu teilen; denn er paßte sich mehr und mehr seinem neuen Leben unter uns an und verriet niemals durch das leiseste Anzeichen, daß er auf seine Mutter wartete oder, nach einer Weile, daß er sie überhaupt vermißte. Es hatte auch noch zwei andere Wirkungen: Erstens ließen wir in unserer Wachsamkeit mehr und mehr nach, und zweitens begann ich, mir den Kopf zu kratzen, wenn ich an die Länge meiner Pflichten als Kinderfrau dachte. Denn am Ende einer der Seiten jener Nachschlagewerke hatte ich ganz versteckt die einzige Information entdeckt, die auf meinen Fall zuzutreffen schien. Und sie half mir nicht sehr viel weiter. Sie stellte einfach fest, daß »die Jungen in ungefähr fünf Jahren entwöhnt werden«. Nun, selbst wenn ich annehmen konnte, daß ich durch viel Pflege und Aufmerksamkeit diesen Zeitraum vielleicht um ein großes Stück würde abkürzen können, sah es doch so aus, als ob es wenigstens zwei oder drei Jahre dauern würde, ehe Elphu daran gewöhnt werden konnte, daß die viele, für sein rasches

Wachstum benötigte Nahrung auch in etwas anderem als Milch bestehen durfte – und daß er dieses »andere« selbst finden sollte.

Es war wirklich kein kleines Problem. Um es gleich vorweg zu nehmen: Unsere Arbeit sollte in acht oder neun Monaten abgeschlossen sein, und wir würden dann nach Amerika zurückkehren müssen. Und was sollte dann werden? Noch schlimmer war es, daß in der Zwischenzeit in der Nähe keine Milch aufzutreiben war und wir jeden zweiten Tag einen Jeep losschicken mußten, um in einem einige hundert Meilen von unserem Lager entfernten Dorf diese Milch zu holen. Das machte es auch zu einer ganz schön kostspieligen Angelegenheit, da die Mengen, die das kleine Tier trinken konnte und offensichtlich auch brauchte, nicht nur enorm waren, sondern sich täglich sichtlich steigerten. Es bestand kein Zweifel darüber, daß es bald notwendig werden würde, sich nicht nur die gesamte Milcherzeugung von einem weitentfernten Dorf, sondern von zwei oder drei Dörfern zu sichern.

Andererseits konnte ich doch Elphu nicht enttäuschen, nachdem er die ganze Zuneigung, die Anhänglichkeit, die er seiner Mama erwiesen haben würde, auf mich übertragen zu haben schien? Und nachdem ich, damit er nachts gut schlafen konnte, eine kleine Einfriedung direkt vor meinem Zelteingang hatte bauen lassen müssen? Wenn er doch während des ganzen Tages wirklich durchaus freundlich und gehorsam zu jedermann im Lager war – aber stets mit einem Auge oder einem Ohr gespannt jede Bewegung oder jedes Wort von mir verfolgte, sofern ich zugegen, oder, wenn ich fort war, traurig dreinblickte und in seiner Einfriedung Zuflucht suchte und dort trübsinnig meine Rückkehr abwartete?

Das Problem der Ernährung war außerdem nicht nur eine Kostenfrage. Weit davon entfernt. Ich hätte mir niemals vorstellen können, daß es auch rein technisch eine so komplizierte Sache sein könnte. Am ersten Tag, dem Tag unserer Begegnung, hatte ich mir, während ich mit Elphu auf das Lager zumarschierte, alles höchst einfach vorgestellt. In unserer Messe hatten wir einige Dosen Trockenmilch. Leere Flaschen jeden Formats waren ausreichend vorhanden. Unsere Ausrüstung war so komplett, daß wir damit prahlen konnten, sogar ein Dutzend vorschriftsmäßige Saugflaschen zu besitzen, die allerdings von meinen verschiedenen Lieblingstieren schon aufgebraucht waren. Ich wußte aber aus Erfahrung, daß ein richtig festsitzender und vorbereiteter Handschuhfinger den gleichen Zweck erfüllen würde. In wenigen Minuten würden wir in der Lage sein, Elphu seine erste Mahlzeit nach mehr als zwei Tagen zu verabfolgen. Gar kein Problem.

Das waren meine Überlegungen – bis ich tatsächlich den Versuch machte. Erstens wurde Elphu, anstatt wie ein Gentleman an dem Handschuhfinger zu saugen, durch den Geruch der angewärmten Milch aufgeregt und setzte zu einem kräftigen Versuch an, die ganze Vorrichtung samt meiner Hand, die sie hielt, zu verschlucken. Nach einigen ziemlich kunstvollen Manövern, bei denen ich von Cheryl, der jungen Filmschauspielerin, unterstützt wurde, die sich uns für einige Arbeitsmonate angeschlossen hatte, gelang es mir, in Elphus harten Schädel die Idee hineinzubekommen, daß Hände und Flasche außerhalb seines ziemlich geräumigen Maules bleiben mußten und er nur an dem Handschuhfinger ziehen durfte. Nur war er, als er schließlich die Idee begriff, inzwischen so ungeduldig geworden, daß er die Flasche in zwei kräftigen Schlucken leerte – und nach mehr verlangte! Während hastig eine zweite Ration vorbereitet wurde, machte er uns seine Gedanken sehr deutlich klar, indem er mitten in der Luft jeden Finger von mir oder Cheryl, den er erreichen konnte, packte und verzweifelt daran saugte.

Bei der zweiten Flasche ging es eine Spur besser und

langsamer, weil Leo, der Lagerleiter, sie diesmal mit einem ganzen Handschuhfinger versehen hatte anstelle des beim ersten Male verwendeten mit der abgeschnittenen Spitze. Bei der dritten Flasche ging es sogar noch langsamer, und die vierte schien Elphu zu besänftigen, zum mindesten eine Zeitlang. Doch Leo war alles andere als glücklich; denn wir hatten nicht mehr viele Dosen Trockenmilch, und bei diesem Tempo würde in ein bis zwei Tagen nichts übrig sein für unsere Morgen- und Nachmittagstees.

So zog also Leo in einem Jeep los, um sämtliche Milch von Ziege, Kuh oder Kamel, die er würde auftreiben können, zu requirieren und damit die verschiedenen großen Behälter, die er mitnahm, zu füllen. Er kehrte erst am folgenden Morgen wieder zurück, müde, mit schläfrigen, rotgeränderten Augen, die Haut mit rotem Staub bedeckt, aber ganz zufrieden, weil er nicht nur ein Milchquantum mitgebracht hatte, das seines Erachtens für 48 Stunden ausreichen würde, sondern auch die Zusage jener fernen Dorfbewohner, einen Tag um den anderen die gleiche Menge zu liefern – natürlich unter der Voraussetzung, daß wir sie bei ihnen abholten.

Doch auch nachdem ausreichende Milchmengen zu unserer Verfügung standen und die Sonne sie freundlicherweise auf Körpertemperatur erwärmte, ohne daß wir das Feuer zu Hilfe nehmen mußten, war das Füllen, das Verschließen und das Halten so vieler Flaschen vier- oder fünfmal am Tag eine Plage. Es nahm mir und Leo zuviel Zeit. Und auch Cheryl; denn sie hatte Elphu so lieb gewonnen, daß sie sich weigerte, auch nur bei einer der Fütterungen nicht dabei zu sein.

So kam es zu dem zweiten Schritt. Eines Tages goß ich $2\frac{1}{2}$ l Milch auf den Boden eines gut gescheuerten Blecheimers und versuchte, Elphu damit in Versuchung zu führen. In Versuchung geriet er, und wie! Zumal es eine seiner regelmäßigen Fütterungszeiten war. Auf jeden Fall hatte er stets einen bodenlosen Appetit, dieser kleine Schurke, der so schnell, ja praktisch unter unseren Augen, wuchs. Er ging einfach gegen den Eimer los, da ihm sein gut entwikkelter Geruchssinn nur zu klar gesagt hatte, was der Eimer enthielt. Die Schwierigkeit bestand bloß darin, wie er an die Milch herangelangen konnte.

Ein Elefanten-»Kind« von einigen Jahren würde den älteren Elefanten die richtige Technik abgesehen und nachgeahmt haben, das heißt, es würde gelernt haben, wie man mit seinem Rüssel eine Flüssigkeit aufsaugt und sie sich dann behutsam in sein eigenes Maul gießt. Aber Elphu war dazu noch viel zu jung. Und wenn auch meine Nase ziemlich lang geraten ist, so war sie doch kein Rüssel, mit dem ich ihm ein Beispiel hätte geben können. Während also Leo und Cheryl ihn so festhielten, wie es ihnen möglich war, nahm ich sein Rüsselende und brachte es langsam mit der Milch in Berührung, voller Hoffnung, daß im nächsten Augenblick der Instinkt ihm sagen würde, was er tun müsse. Alles, was er statt dessen tat, war ein kräftiges Ausstoßen aller Luft, die er in jenem Moment in seinen Lungen hatte – was vielleicht nicht viel gewesen zu sein brauchte, aber mehr als ausreichend war, uns alle mit einem Milchschauer zu überschütten. Während wir versuchten, uns wenigstens unsere Augen trocken zu reiben, entwischte er den übriggebliebenen haltenden Händen und rannte mit solcher Wucht gegen den Eimer an, daß die restliche Milch darin mir voll ins Gesicht spritzte.

Ob es ihm wohl leid tat? Nicht im geringsten. Im Gegenteil. Immer wieder bewegte er seine großen Ohren auf und ab, stampfte zuerst mit dem einen, dann mit dem anderen Vorderfuß auf den Erdboden auf, so seiner Entrüstung wirkungsvoll Ausdruck gebend. Was war denn los mit uns, schien sein Protest zu sagen. Ringsum riecht es überall so gut nach Milch. Warum habe ich nicht einen Tropfen davon abbekommen?

»Du törichter, dummer Esel«, schalt ich, sobald ich mein Gesicht abgetrocknet hatte. »Wenn du nicht einmal einen so einfachen Elefantentrick lernen kannst, kannst du dich dann nicht wenigstens ein bißchen benehmen?«

»Armes, kleines Baby«, protestierte Cheryl und wirkte auf einmal ganz mütterlich. »Machen Sie sich denn gar nicht klar, daß es genau dasselbe ist, als wenn man von einem einen Monat alten Kind erwarten würde, daß es seine Mahlzeit richtig mit einem Löffel und aufrecht am Tisch vor einem Suppenteller sitzend einnimmt?«

Sie hatte damit gar nicht so unrecht. Sobald daher wieder neue Milch im Eimer war, versuchte ich es mit einer anderen Maßnahme. »Haltet ihn fest, ihr zwei. Und Sie«, damit wandte ich mich an einen Kameramann, der tatenlos zusah und wie ein Verrückter lachte, »Sie werden jetzt seinen Rüssel unter einem Arm festhalten und ihm mit Ihren Händen das Maul aufhalten. Ich werde versuchen, Milch hineinzuschütten.«

»Aber hübsch langsam«, rief Cheryl vom anderen Ende her, »sonst könnte er Schlucken bekommen.«

Schlucken, du meine Güte! Das war das letzte Wort dieser Stelle des Drehbuches. Ehe wir es uns versahen, ehe der erste Tropfen Milch in sein geöffnetes Maul getröpfelt war, schoß Elphu, in Wut geraten durch soviele Verzögerungen, vorwärts. Und da wir nicht auf der Hut waren, wurden wir alle zu Boden geworfen, Cheryl und Leo, der Kameramann und ich, während der Eimer in die Höhe flog. Ein sanfter Milchregen sprühte auf uns herab, der Eimer landete laut klappernd auf Elphus Rücken, der ein zweifach entrüstetes, protestierendes Grunzen austieß. Es war sogar über das schallende Gelächter hinweg, das von allen Seiten des Lagers ertönte, gut zu hören.

An diesem Tag konnten wir uns keine weitere Milchvergeudung mehr leisten. Wir schoben daher alle Experimente auf und kehrten eilig zu dem bewährten und erprobten

System der Flaschen zurück. An diesem Nachmittag leerte Elphu schnell sechs solcher Flaschen, und mit jeder besserte sich seine schlechte Laune und seine Stimmung in deutlich spürbarem Maße – freilich nicht meine eigene. Es erschien mir undenkbar, daß ich mit all meiner Erfahrung mit jungen Tieren (wenn auch nicht gerade mit Elefantenbabys) nicht imstande sein sollte, eine Lösung zu finden, die praktisch für uns selbst und höchst angenehm für meinen Schützling sein würde.

Mit einer frischen Lieferung von Milch, die uns am folgenden Tag zur Verfügung stand, und mit der mutigen Mitwirkung Elphus wurde diese Lösung gefunden – eine Lösung, die sich für eine ganze Weile als rundum zufriedenstellend erweisen sollte, das heißt, bis ich ihm richtige Elefanten-»Tischmanieren« beibringen konnte.

Obwohl die Hände, die ihn am Tag zuvor festgehalten hatten, freundlich und behutsam gewesen waren, schien Elphu sie fast so übelgenommen zu haben wie das Durcheinander, das unsere Bemühungen – und ich bin sicher, daß er begriff, wie wohlmeinend sie waren – begleitet hatte. Daher versuchten wir es diesmal allein, nur wir zwei. Den Eimer stellte ich auf den Boden. Dann erklärte ich Elphu im ruhigsten zuredenden Ton, den ich hervorbringen konnte, langsam die Situation. Und nach einem Augenblick des Zögerns schien er den Kern der Sache wirklich gut zu erfassen. Denn er kniete nieder und brachte auf diese Weise die Milch fast in Reichweite seines Maules. Das einzige, was ihm dabei im Wege war, war dieser überflüssige Rüssel, der als so hartnäckiges Hindernis zwischen ihm und der so dringend gewünschten Mahlzeit stand. Sanft ergriff ich daher das Hindernis und hielt es aus dem Wege. Mit befriedigtem Gebrumm begann Elphu die Milch mit seinem Maul aufzusaugen, während ich fortfuhr, ihm begütigend zuzusprechen und ihn zu seiner Klugheit zu beglückwünschen. Als der Milchspiegel zu tief absank, neigte ich den Eimer nur ein wenig, und er schleckte die Milch fast bis zum letzten Tropfen auf.

Ich war nicht der einzige, der mit dieser Lösung zufrieden war. Auch Elphu behielt die Sache in so angenehmer Erinnerung, daß er bei der nächsten Fütterungszeit einfach vorausging, niederkniete und mir aus eigener Initiative seinen Rüssel anvertraute. Von da an verlief jede Mahlzeit viel einfacher und schneller. Nach und nach reduzierte ich auch die Mahlzeiten von fünf oder sechs pro Tag auf nur drei, allerdings reichlichere, um zwischendurch etwas mehr Zeit für meine eigentliche Arbeit zu haben. Denn obwohl Elphu einen jeden im Lager gern hatte, und ganz besonders Cheryl und Leo, so pflegte er sich doch bei den Mahlzeiten nur dann wirklich gut zu benehmen, wenn ich sie ihm »servierte«. Aber war ich nicht schließlich seine »Ersatz-Mama«?

Ein schmerzlicher Abschied

Da ich eine möglichst gute Kinderfrau zu sein wünschte, war ich mir klar darüber, daß ich außer dem guten und reibungslosen Füttern von Elphu noch manche andere Aufgabe hatte. Zu den dringendsten gehörten die Probleme seiner Sauberhaltung, seiner Kühlhaltung und des Schutzes vor den schlimmsten Quälgeistern dieser Gegend – den Elefantenfliegen. Wenn man diese Aufgaben in obiger Reihenfolge nimmt, so löste mich Cheryl bereitwillig von der ersten ab. Sie liebte Elphu, und er liebte es, von ihr geschrubbt zu werden. Einmal, oft sogar zweimal täglich, schlich er in ihr Zelt. Mit seinem Rüssel pflegte er dann jeden Winkel davon zu durchstöbern (ohne jemals irgendeinen Gegenstand von der Stelle zu bewegen oder kaputt zu machen), bis er entdeckt hatte, wo die junge Dame, um ihn zu necken, die große, harte Bürste versteckt hatte, die ich ihr zu diesem Zweck gegeben hatte. Dann suchte er nach dem großen Stück Seife, das nur für seinen Gebrauch war (und auch absichtlich an einer anderen Stelle versteckt wurde). Und mit einem Leuchten in seinen kleinen Augen suchte er dann Cheryl und fand sie auch in kürzester Zeit, wohin sie auch beim ersten Zeichen, daß das Spiel beginnen sollte, verschwunden sein mochte. Und was blieb Cheryl bei seinem tiefen, zufriedenen Gebrumm anderes übrig, als zu dem Küchenzelt hinüberzugehen und um einen großen Eimer warmes Wasser zu bitten?

Dann begann das Schrubben in allem Ernst, zuerst mit viel Seife, dann nur mit Wasser, und mit besonderer Sorgfalt wurden die Falten und die Rückseite der riesigen Ohren behandelt, die er ihr entzückt entgegenhob, erst das eine, dann das andere. Sowie diese Prozedur ganz beendet war, vermochte nichts, Elphu an Ort und Stelle zu halten. Fort stürmte er, taub gegen alle Proteste Cheryls, und schoß wie ein Pfeil zu der einzigen Stelle außerhalb des Lagers, wo es eine kleine Strecke feinen Sandes gab. Und dort ließ er sich zu Boden fallen und wälzte sich wieder und wieder, bis sich Sand an fast jedem Zentimeter seiner rauhen, immer noch nassen Haut festgesetzt hatte.

Die ersten Male war Cheryl in Verzweiflung geraten. »Schauen Sie ihn an, diesen ungehobelten Kerl! Wo ich doch eben erst fertig geworden bin mit seiner Toilette und ihn so sorgfältig und gut gewaschen habe! Jetzt ist er schmutziger als vorher! . . .«

Doch bald verstand sie, was ich ihr erklärte, nämlich, daß dieser saubere Sand für Elphu nicht nur das war, was ein Badetuch für uns ist, sondern auch ein zeitweiliger Schutz gegen die Elefantenfliegen-Plage. Und bald schickte sie sich in diese tägliche Enttäuschung, besonders seit Elphu sofort nach jeder solchen Prozedur zu mir kam und seine Mittags- oder Abendmahlzeit verlangte. Und wer hätte wohl zornig bleiben können – selbst wenn es nur ein vorgetäuschter

Zorn war – angesichts dieses rührend komischen, guten kleinen Elefanten, der mir seinen Trinkeimer brachte (niemals den Eimer, der bei seinem Schrubben verwendet wurde!) und, nachdem Milch hineingegossen war, höflich davor niederkniete, mir seinen Rüssel gab, damit er ihm nicht im Wege war, und seine Mahlzeit so begierig, doch ohne einen Tropfen davon zu verschütten, aufschleckte?

Und damit sind wir gleichzeitig auch bei allen den anderen Dingen angelangt, die Elphus Mama ihm beigebracht haben würde: Wie er sich mit Hilfe seines Rüssels während der heißesten Stunden des Tages abkühlen, sich damit aber auch gegen die oben erwähnten Elefantenfliegen wehren konnte.

Um mit letzteren den Anfang zu machen, so bedeutet ihr Name nicht etwa, daß sie ihre bösartige Aktivität auf Elefanten allein beschränken. Im Gegenteil, es würde den Kern der Sache viel mehr treffen, wenn man sagte, daß diese furchtbaren Plagegeister die Elefanten unter den Fliegen sind. Es sind die größten, die zähesten, die am schwersten zu fangenden oder zu tötenden Fliegen – und sie sind mit einem richtigen Stechrüssel bewaffnet, den sie wild und blitzschnell in die Haut jedes Tieres, das sie erreichen können, hineinbohren. Meistens greifen sie in »Kommando«-Schwärmen an, die plötzlich aus dem Nichts auftauchen, im Bruchteil einer Sekunde ihre ruchlose Mission vollenden und dann, ohne den Überfallenen irgendwelche Zeit zur Verteidigung zu lassen, verschwinden – nur um wenige Minuten später aus einer anderen Richtung wieder anzugreifen.

Was Elphu oder andere Tiere dieser ganz erbärmlichen Gegend für Gefühle gegen diese Insekten hegten, weiß ich nicht genau. Ich weiß aber leider nur zu gut, was meine Gefährten und ich empfanden. Da es in der dortigen Gegend von Sonnenaufgang bis Sonnenuntergang außerordentlich heiß ist, war die Versuchung natürlich groß, so wenig und so kurze Kleidungsstücke wie möglich zu tragen. Das heißt nur am ersten oder zweiten Tag. Die Elefantenfliegen sorgten dafür, daß das eiligst geändert wurde. Im Lager, das wir dort aufgeschlagen hatten, wo keine Fährten von großen Tieren irgendwelcher Art zu sehen waren, war es nicht so schlimm. Natürlich arbeiteten wir aber den größten Teil des Tages draußen im Busch oder auf den Ebenen, wo Elefanten, Büffel, Zebras, Warzenschweine und alle Arten von Antilopen und Gazellen, die wir dort fotografieren sollten, in großer Anzahl umherzogen. Dann wurde es furchtbar; denn dieser Busch, diese Ebenen waren auch die bevorzugten »Weiden« der Elefantenfliegen. Und ich kann nicht sagen, wie oft ein Schwarm dieser Fliegen, selbst wenn es nur ein kleiner war, plötzlich mit der Geschwindigkeit eines Düsenflugzeuges bei einem Filmkameramann oder Fotografen auftauchte und den armen Kerl so hoch springen und so laut aufstöhnen ließ, daß eine Aufnahme, die vielleicht stundenlange Vorbereitungen erfordert hatte, völlig verdorben wurde.

Am schlimmsten war es jedoch, wenn wir am späten Nachmittag ins Lager zurückkehrten. Dann waren wir so müde und erhitzt (auch wegen der langen Kleidungsstücke, die wir als erhofften Schutz gegen Stiche getragen hatten), daß wir, um etwas frische Luft zu bekommen, die Vorhänge unseres Land-Rovers hochgerollt ließen und mit wahnsinniger Geschwindigkeit selbst auf den ausgefahrensten, engen Wegen dahinrasten. Die außerordentlich hohe Geschwindigkeit war, um die Wahrheit zu gestehen, im wesentlichen darauf zurückzuführen, daß wir glaubten – wenn wir es auch nicht aussprachen –, dadurch diesen Teufelsfliegen ein Schnippchen schlagen zu können. Statt dessen war das genau der Zeitpunkt, an dem das ärgste Blutbad stattfand. Wir trugen lange Ärmel, Slacks und Schnürschuhe oder Plus-Fours und Reitstiefel. Wir zerflossen vor Hitze und Transpiration, aber wir schlugen sogar unseren Hemdkragen hoch und zogen Handschuhe an. Und dann, blind gemacht durch herabtropfenden Schweiß, blickten wir uns in der Runde um. Nicht eine einzige Fliege. Rasch, das Taschentuch in der behandschuhten Hand, hob man eine Sekunde seinen Hut hoch, um sich rasch den Kopf abzutrocknen. Und was geschah? Wang! Wang! Wang! Minutenlang war nicht eine Fliege zu sehen gewesen. Doch in jenem Bruchteil einer Sekunde hatten sie einen gestochen, ließen einen mit drei (oder mehr) häßlichen, schmerzhaften Beulen auf dem Kopf zurück – und waren verschwunden!

Ich gehe bei diesem Thema auf ein paar Einzelheiten ein, um es besser verständlich zu machen, warum ich mit Elphus Gefühlen so stark sympathisierte, und um ein Stückchen von eingeborener Weisheit weiterzugeben, die für uns von unschätzbarem Wert war und die vielleicht für andere von Nutzen sein könnte, und sei es auch nur für den einen Leser, der irgendwann einmal das Mißgeschick haben könnte, in Elefantenfliegenland zu geraten.

Der geborene Naturforscher, der mir dieses gesegnete Stückchen Weisheit verriet, war Moyo, ein Digo von der Suaheli-Küste Kenyas, der bei vielen früheren Expeditionen mein immer zuverlässiger, treuer Gewehrträger, Askari (Lagerpolizist wollen wir es nennen) und unser Faktotum für alles gewesen war. An einem besonders blutigen Abend bat ich ihn, mir etwas Ammoniak zu bringen, mit dem ich versuchen wollte, das Jucken der etwa zwei Dutzend schmerzenden, klopfenden Beulen zu lindern, die mir an jenem Tag von diesen widerlichen Insekten zurückgelassen worden waren, und zwar größtenteils während unserer Heimfahrt ins Lager, wo wir noch verrückter als sonst gerast waren.

Er grinste. »Am ersten Tag, Bwana, wollte ich die Zelte des Autos herunterziehen. Du sagtest aber nein, es sei zu heiß.«

»Was haben die Vorhänge damit zu tun? Die Fliegen wären auf jeden Fall von vorn hereingekommen, da wir die Windschutzscheiben wegen der *pictha* herausnehmen mußten, nicht wahr?«

»Nein, Bwana. Sie wären nicht hereingekommen. *Nyama*, besonders rennende Tiere, greifen sie nicht von vorn an. Sie greifen immer an den Flanken an oder von hinten. Und sie halten die *motorcari* für ein schnell rennendes, großes Tier.«

Und, wie gewöhnlich, hatte er mehr als recht. Von da an ließen wir meistens die Vorhänge an den Seiten und hinten herab und machten während der Fahrt praktisch alles dicht. Vielleicht war es dadurch im Wageninneren heißer, aber es war ganz bestimmt fast frei von den ekelhaften Fliegen, die wir statt dessen oftmals in bösartigen, jedoch bald enttäuschten Schwärmen gegen die »Zelte« unseres nächsten Landrover anfliegen sahen.

Doch kehren wir zu Elphu zurück. So wenig Elefantenfliegen es waren, die unser Lager heimsuchten – wenn sie kamen, dann unterließen sie es niemals, in direktem Kurs zu seinem hängenden Hinterteil zu fliegen. Und ungeachtet des zähen Aussehens seines Felles muß es doch noch verhältnismäßig zart gewesen sein, nach dem schweren Schaden zu urteilen, den sie ihm beibrachten. Denn er schrie vor Angst und Pein und, wenn ich in der Nähe war, kam er angerannt, um bei mir Hilfe zu suchen, was jedesmal ein zweifaches Resultat zur Folge hatte: Wieder einmal bewies es mir, wie schwer diese Fliegen umzubringen sind (ich zerbrach bei diesen Versuchen tatsächlich nahezu ein Dutzend Fliegenklatschen, von denen ich stets eine an meiner Seite trug anstelle des Gewehres oder Revolvers, den man in den Hollywood-Filmen über Safaris zu sehen bekommt), und wie die überlebenden Angreifer ihre Aufmerksamkeit sofort auf die entblößten oder zu wenig geschützten Teile meiner Anatomie lenkten (worauf ich wie wild um mich schlug und nach meiner Schätzung wenigstens ein weiteres Dutzend Fliegenklatschen dabei zur Strecke brachte).

Da die Betreuung eines Elefantenbabys jedoch nicht der eigentliche Grund war, daß ich mich als Führer einer großen Expedition in Afrika befand (und die riesigen täglichen Kosten dafür unterschrieb), empfand ich auch diesen Guerilla-Krieg, der mir ohne jeden Zweifel durch Elphus Anwesenheit im Lager beschert worden war, als lästig; denn er störte mich bei der Arbeit – meistens natürlich zu den Zeiten, da ich am wenigsten wünschte, unterbrochen zu werden. Schließlich fiel mir etwas ein, um Abhilfe zu schaffen – ein Einfall, der von allen im Lager einmütig als absolut glänzend bezeichnet wurde. Wir besaßen Ballen über Ballen eines starken, durchsichtigen Polyäthylen-Plastikmaterials, das wir für fast alles verwendeten. Wir schützten damit offene Kisten vor Regen, wickelten frisches Fleisch darin ein, bewahrten damit Filme und Negative vor Feuchtigkeit usw. Im Vertrauen darauf, daß nicht einmal die ultrastarken Stiche der Elefantenfliege dieses Material würden durchbohren können, schnitt ich eine Art von Umhang daraus zu, drapierte ihn um Elphu und band ihn unter seiner Kehle zusammen.

»So, mein Bürschchen, jetzt kannst du dich im Lager und draußen frei umherbewegen, ohne dich vor diesen mörderischen Fliegen fürchten zu müssen, verstehst du?«

Ich drehte eine Minute den Kopf, um einen der Fotografen herbeizurufen, damit er ein paar Aufnahmen mache – und als ich, stolz auf meine Erfindung, mich Elphu wieder zuwandte, hatte er es schon fertiggebracht, mit seinem Rüssel den Rand des Umhanges zu packen, zu seinem Maul zu bringen und ein ganzes Stück davon hinunterzuschlingen! Es gelang uns, es zurückzuholen und sogar einige Aufnahmen von ihm zu machen, wie er den Umhang trägt. Aber er versuchte schon wieder, daran zu gelangen, und ich zitterte bei dem Gedanken, was seiner an und für sich tadellosen Verdauung zustoßen würde, falls es ihm gelingen sollte, dieses große, harte Stück Plastik zu verschlingen.

Fort also mit dem Umhang und hinein in den Abfalleimer – während ich zur Natur zurückkehren mußte. Wäre Elphu bei seiner wirklichen Mama gewesen, wie hätte sie ihn dann wohl vor einem angreifenden Schwarm von Elefantenfliegen beschützt? Bis er es lernen würde, selbst die Fliegen abzuwehren, würde sie mit ihrem Rüssel eine schöne Menge Sand, Erde, Staub oder Wasser aufgesaugt haben, was ihr im Augenblick gerade zur Verfügung stand, und würde sie höchst energisch auf die angegriffenen Körperteile ihres Nachkömmlings entladen haben. So einfach wie nur etwas, *n'est ce pas?* Gewiß. So zärtlich ich Elphu aber liebte, so ernst ich meine Pflichten als ständige Kinderfrau nahm und (ich wiederhole es) so lang und rüsselähnlich meine Nase auf einigen Karikaturen auch gezeichnet worden war – diese für eine Elefantenmama so natürliche und leichte Fertigkeit überstieg meine Fähigkeiten ein wenig.

Die einzige Möglichkeit bestand darin, diesen ersten Schritt zu überspringen und gleich zum nächsten überzugehen, das heißt, Elphu beizubringen, mit eben diesen Mitteln (nämlich dem Rüssel), mit denen er von der Natur gütig ausgestattet worden war, dieses Kunststück selbst zu vollführen. Natürlich war das leichter gesagt als getan. In Wirklichkeit war es dasselbe, als wenn man von einem kleinen Kind, das noch nicht in den Kindergarten geht, die Bewältigung von Gymnasialaufgaben erwarten würde. Immerhin, Elphu war außergewöhnlich intelligent und ich, nun, so hoffte ich, nicht völlig stupid. Hinzu kam noch, daß immer dann, wenn es um den kleinen Schurken ging, ich als die natürlichste Sache der Welt fast unbegrenzte Mengen von Geduld, von sanftem Zureden, von erfindungsreichen Einfällen aufbrachte.

Um es in knappen Worten zu sagen: Nach einigen Tagen

unermüdlicher Anstrengungen und Kriegslisten (und wer weiß wie vielen Mengen von Sand, die ich mit meinen Händen auf Elphus und meinen eigenen Rücken herabgeworfen hatte), flackerte ein Funke in seinem schwerfälligen Kopf auf. Unter den begeisterten Zurufen meiner Gefährten, die sich, sooft sie etwas freie Zeit hatten, um uns versammelten, um unsere seltsamen Manöver zu beobachten, wurde Elphu von allen gesehen, als er es zum ersten Male fertigbrachte, eine ganz schöne Menge Sand aufzusaugen. Die Beifallsrufe wandelten sich in hysterisches Gelächter, als der unerfahrene Rüssel, den ich in Richtung auf Elphus Rücken dirigierte, sich ein wenig drehte und mir seine nicht unbeträchtliche Sandladung kräftig mitten ins Gesicht entlud. Es war aber nur ein einfacher Fehler im Zielen und Abpassen der Zeit. Als Elphu das nächste Mal die ganze Prozedur allein ausführte, erklang kein Gelächter rundum, sondern nur herzlicher Applaus, der sogar frenetisch wurde, als Elphu, dieser Angeber, dessen Vorrat an losem Sand zu Ende gegangen war, der Vorstellung einen letzten Anstrich von eigener Initiative hinzufügte. Er begann, mit einem seiner Vorderfüße zu graben, genau wie ein erwachsener Elefant es zu tun pflegt. Sobald er genug Sand zur Verfügung hatte, stieß er einen dröhnenden Ton der Befriedigung aus. Und schon ging sein Rüssel nach unten, um eine ganz schöne Ladung aufzunehmen, krümmte sich dann aufwärts und rückwärts und blies sich mit bewunderungswürdig genauem Zielen Sand auf den Rücken und das Hinterteil.

Es erübrigt sich wohl zu sagen, daß Elphu selbst von seiner eigenen, so klugen Leistung und von der fröhlichen, festlichen Aufnahme, die sie gefunden hatte, einfach fasziniert war. Wie ein Kind, das gerade ein neues, schwieriges Kunststück gelernt hat, fuhr er einige Tage fort, es immer aufs neue zu wiederholen, einerlei, ob Fliegen da waren oder nicht. Natürlich verbesserte sich auch seine Technik mehr und mehr. Aber nicht nur das. Als logische Folge beherrschte er auch bald das Geheimnis, sich mit Wasser zu beschütten, und da er mit dem großen Waschbottich, der jeden Morgen für ihn gefüllt wurde, nicht zufrieden war, gewöhnte er es sich an, die angenehme Prozedur fortzusetzen, indem er sich an die großen Kanister heranmachte, die vier Eingeborene unter vieler Mühe mit Wasser gefüllt hielten, das sie aus einer Quelle in der Nähe holten und die von den Fotografen allein benutzt werden durften.

Elphu beging diesen »Diebstahl« außerdem so geschickt und vergewisserte sich stets zuerst, ob niemand in der Nähe war, der ihn hätte beobachten können, daß ich ein wenig Detektiv spielen mußte, ehe ich herausbekam, warum der Schwarzweiß-Fotograf, wenn die Boys schworen, alle vier Behälter vor dem Mittagessen gefüllt zu haben, und der Farbfotograf beteuerte, nur die drei ihm zugewiesenen benutzt zu haben, zu mir kam und sich beschwerte, daß er in dem Augenblick, da er das Wasser am meisten benötigte, den für ihn reservierten Kanister so trocken wie eine leere Eierschale gefunden habe. Wodurch er, nebenbei bemerkt, riskierte, daß ein ganzer Stapel von Vergrößerungen, die er gerade gemacht hatte, verdorben wurde.

Weit davon entfernt, Reue zu zeigen, ließ sich der Schuldige, sobald er am folgenden Tage auf frischer Tat ertappt und von mir schwer ermahnt wurde, von seinem neuen Wissen um die vielen Dinge, die er mit seinem Rüssel bewerkstelligen konnte, verleiten und gewöhnte es sich an, die schweren Holzdeckel, die ich hatte anfertigen lassen und die sofort nach dem Füllen auf die Behälter draufgelegt wurden, kräftig beiseite zu schieben. Und so setzte er seine Missetaten fort, wobei er sich immer zuerst vergewisserte, daß er einen Augenblick wählte, da kein menschliches Auge ihn beobachtete.

Das einzige, was ich unter diesen Umständen tun konnte, war ein Legalisieren der Situation, indem ich dafür sorgte, daß täglich ein fünfter Kanister gefüllt wurde, der unzugedeckt an der Seite und Elphu allein zur Verfügung stand. Da er ein gescheiter kleiner Kerl war, wurde es mir nicht schwer, ihm die veränderte Lage zu erklären. Zuerst nahm ich ihn mit in die Nähe der für die Fotografen bestimmten Kanister und gab ihm einen sanften Klaps auf den Rüssel in dem Augenblick, da er begann, den Deckel von einem fortzuschieben – vielleicht in der Absicht, mir zu zeigen, wie klug er war. Dann ging ich mit ihm zu dem fünften, dem neuen Kanister, und ermutigte ihn nicht nur mit Worten, sondern ich brachte auch sein Rüsselende mit dem Wasser in Berührung, wobei ich fortfuhr, ihm Komplimente zu machen, während er, zögernd zuerst und dann mit sichtlichem Gefallen, dazu überging, sich wieder und wieder zu besprühen (ohne ausnahmsweise seinen Strahl auf mich zu entladen). Das Problem war ein für allemal gelöst.

Danach war es natürlich ein Kinderspiel, Elphu höchst verfeinerte Tischmanieren beizubringen. Innerhalb von wenigen Tagen erlernte er die Kunst, richtig zu trinken, ohne jenes würdelose Knien vor dem Milcheimer und das womöglich noch würdelosere Benehmen, mir seinen Rüssel zum Halten zu geben, um ihn nicht im Wege zu haben. Er wurde bald sehr geschickt und brachte schon nach den ersten paar Malen seinen milchbeladenen Rüssel so behutsam an sein Maul, daß er nicht einen Tropfen verschüttete. Bald lernte er es auch, gründlich zu unterscheiden, wie er das Wasser ausstoßen muße: heftig und in Richtung seines Rückens, wenn er eine Dusche wollte, und langsam, behutsam in seinen Mund, wenn er durstig war.

Am »Tag der Orangen« krönte er seinen Triumph und erleichterte mir meine täglichen Obliegenheiten. Einige Mittagsgäste hatten uns einen Korb voll Orangen mitgebracht – ein Luxus an jenem gottverlassenen Platz. Und während wir bei Tische saßen, bot eine der Besucherinnen

Elphu, der wie gewöhnlich in das große Messezelt hineingekommen war, um zu inspizieren, was dort vorging, spaßhalber eine Orange an. Nachdem er einen Blick auf mich geworfen hatte, um sich zu vergewissern, daß ich sein Benehmen billige, nahm er die Gabe mit seinem Rüsselende elegant entgegen. Dann krümmte er seinen Rüssel, brachte die Frucht in sein gespitztes Maul und begann sofort, sie mit offensichtlichen Anzeichen des Entzückens zu kauen. Das alles geschah in der wohlerzogensten Weise – bis zu dem Augenblick, da er die Schale der Orange für sein noch zahnloses Maul zu zäh fand und sie auf den Fußboden des Zeltes fallen ließ.

Es erübrigt sich wohl zu sagen, daß die Dame von der ganzen Sache entzückt war und sich beeilte, uns zu versichern, daß sie am nächsten Tage einen ihrer Diener mit einem großen Korb voll Orangen herüberschicken würde – nicht für uns, wie sie lachend hinzufügte, sondern für Elphu. Und Cheryl, dadurch angefeuert (und vielleicht auch ein wenig pikiert über den unerwarteten Erfolg der Dame), begann, die Umgebung nach Wurzeln, Blättern und einer bestimmten Art von saftigem Gras abzusuchen, die zart genug sein würden, daß der zahnlose Elphu sie kauen konnte, und schmackhaft genug, ihn zu reizen. Diese verschiedenen Ergänzungen seines Speisezettels erlaubten es mir, die Notwendigkeit, ein drittes milchlieferndes Dorf zu finden, um mit dem immer mehr wachsenden Appetit des immer mehr wachsenden Elphu Schritt zu halten, zu umgehen. Es war mir dadurch sogar möglich, seine Milchmahlzeiten auf nur zwei pro Tag einzuschränken, was wesentlich dazu beitrug, daß ich mich meiner eigentlichen Arbeit wieder richtig widmen konnte.

Alles verlief nun reibungslos. Nicht einmal die Verlegung des Lagers an einen anderen, nicht zu weit entfernten Platz vermochte Elphu und uns sonderlich zu stören. Wir errichteten ein Verdeck über einem unserer kleinen Landrover-Anhänger, bauten eine Holzrampe mit Schwellen zu ihm hinauf und bedeckten den Boden des Anhängers mit einer weichen Matratze aus trockenem Gras. In wenigen Tagen hatte sich der abenteuerlustige Elphu vollkommen daran gewöhnt, die Rampe hinauf und herab zu klettern, als ob er in seinem Leben nie etwas anderes getan hätte.

Er kam sogar über die Angst vor dem Eingesperrtsein hinweg, die er zuerst empfand, als wir (im Hinblick auf die Elefantenfliegen und ihre schlechte Angewohnheit, ein fahrendes Vehikel von der Seite und von hinten anzugreifen) allmählich einen Vorhang nach dem anderen herunterließen und ihn praktisch stundenlang hintereinander dort eingeschlossen hielten. Als dann der Tag unserer Übersiedlung zu dem nächsten Lager gekommen war, ging alles glatt vonstatten. Elphu, alles andere als verstört, schien die Fahrt zu genießen und begab sich aus eigener Initiative in seinen Anhänger, um dort jede Nacht zu verbringen. Nach einer ersten, leicht argwöhnischen Erforschung des neuen Lagers gab er zu erkennen, daß es durchaus nach seinem Geschmack war und er die neue Sandstelle, die wir für ihn vorbereitet hatten, sogar noch mehr schätzte als die vorherige.

Gerade dann, als Elphus Leben mit uns sich für eine lange, zukünftige Zeit schön eingespielt zu haben schien, schlug der Blitz ein.

Ich entsinne mich noch gut jenes Vormittags. Während ich an dem Feldschreibtisch meines Zeltes arbeitete, brauchte ich nur aufzublicken, um zu sehen, wie einer der Fotografen eifrig Aufnahmen von Elphu machte, der – seine alte Kopfwunde war völlig geheilt, sein Maul sah aus, als ob es glücklich lächle – sich kleine Büschel von gutem, zartem Gras von Cheryls Schoß holte. Natürlich fraß er jetzt alles wie ein erwachsener Elefant mit guten Manieren. Behutsam holte er sich das Gras mit seinem Rüsselende, das er mit gleicher Behutsamkeit in sein Maul führte.

Plötzlich ertönte ein durchdringendes Trompeten vom

Rande unserer Lichtung. Sofort wußten wir alle, daß der große Elefant, der so unerwartet, so furchtlos erschienen war, Elphus Mama sein mußte. Wie sie es fertiggebracht hatte, uns zu finden, würde niemand je erfahren. Aber dort war sie – und es war klar, zu welchem Zweck.

Während der Fotograf sich noch umdrehte, um einen Schnappschuß von ihr zu machen, flog er samt seiner Kamera auch schon durch die Luft. Von dem Trompeten elektrisiert, war Elphu wie ein Meteor losgestürmt, hatte den nichtsahnenden Mann in den Rücken gestoßen und raste nun wie ein Wahnsinniger davon.

Wir fingen den Laut eines langen, langen, rumpelnden Tones des Kleinen auf. Wir hörten ein zitterndes, leises Trompeten von dem Großen. Und beide Elefanten tauchten ein in die Vegetation und verschwanden lautlos hinter dem grünen Vorhang . . .

Afrikanische Elefantenmutter mit Kind

Viele Menschen reihen den Elefanten heute unter die sogenannten schädlichen Tiere ein. Bei einer Befragung in einer Schule schrieben Kinder: »Der Elefant ist schädlich – er trampelt alles nieder.« »Er reißt die Rinde von den Bäumen.« »Er zerstört alles.«

Natürlich kann der Elefant mit einem Durchschnittsgewicht von ca. $3\frac{1}{2}$ bis 4 t nicht über die Savannen schweben, und seine dicken Säulenbeine lassen es nicht zu, daß er in eleganten Sprüngen dahinläuft. Aber gerade seine »Trampelpfade« ermöglichen es den leichtgewichtigen und schmalhufigen Antilopen, die durch plötzliche Regengüsse sumpfig gewordenen Gebiete zu überqueren, ohne im Morast zu versinken.

Daß er in manchen Gegenden, in denen er keine Wasserstellen finden kann, auch Rinde von den Bäumen reißt (die viel Wasser speichern kann), darf uns nicht wundern. Schließlich zählt der Elefant zu den Tieren, die auf eine regelmäßige Wasseraufnahme angewiesen sind. Er braucht täglich rund 100 l. »Sperrt« man nun die Elefanten in den engen Grenzen von Nationalparks ein, müssen sie mit geringen Futtermengen auskommen; auf der Suche nach Futter – und sie sind erst zufriedengestellt, wenn sie 100 bis 150 kg pro Tag gefressen haben – kommt es natürlich dazu, daß sie Schaden anrichten.

Als die Elefanten noch durch die grenzenlose afrikanische Landschaft wandern konnten, waren sie oft lange unterwegs, bis sie auf altbewährten Pfaden an den Ausgangspunkt ihrer Wanderungen zurückkehrten. Hatten sie dort und da tatsächlich den einen oder anderen Baum entwurzelt, so konnten inzwischen wieder neue Bäume oder Dornbüsche nachwachsen.

In den engen Grenzen eines Nationalparks sind die Elefanten natürlich nicht lange genug unterwegs, um den Bäumen Zeit zu geben, nachzuwachsen. Manche Bäume hat man deshalb, wie im Zoo, mit Schutzgittern versehen. Meist handelt es sich dabei um Bäume, die über Generationen hinweg von Löwen als Ruheplätze besonders geschätzt wurden.

Afrikanischer Elefant (Loxodonta africanus)

Der Afrikanische Elefant zählt wie sein asiatischer Verwandter (Elephas maximus) zur Ordnung der Rüsseltiere; obwohl der afrikanische und der asiatische Elefant zu 2 verschiedenen Gattungen zählen, kann es bei gemeinsamer Haltung in einem Zoo zu Zuchterfolgen kommen (das Jungtier Indischerafrikanischer Elefant, das in einem englischen Zoo geboren wurde, überlebte allerdings nicht lange). Afrikanische Elefanten erreichen Körperhöhen von 4 m bei Gewichten von ca. 7 t. (Geburtsgewicht 80 bis 120 kg); meist überschreiten afrikanische Elefanten ein Alter von ca. 40 Jahren nur wenig.

LILLI KOENIG

Ilo

Frisch geschlüpfte Turmfalken gleichen winzigen, weißflaumigen Bällchen. Auch Ilo sah so aus, als wir ihn aus der Brutanstalt holten. Leider verwandelte sich infolge des ewigen Anfassens durch Menschenhände das saubere Weiß sehr bald in ein düsteres Grau, doch darauf kam es ja eigentlich nicht so sehr an. Hauptsache war, daß Ilo einmal zu einem schönen Turmfalken heranwachsen würde. Das tat er denn auch – doch da lag eine lange Zeit dazwischen mit vielerlei Abenteuern und Erlebnissen. Und gar die Geschichte, wie Ilo in den Papageienkäfig geriet und daraus wieder befreit wurde, ist gewiß nicht alltäglich.

An seinen beiden ersten Lebenstagen war der Falke blind. Die einzigen Lebensäußerungen waren Schnabelaufsperren unter einem langgezogenen, hellen, leisen BetTelton und ein unmutiges Schilpen, wenn man ihn anfaßte oder er sich sonst irgendwie nicht wohl fühlte. Die übrige Zeit schlief das Falkenkind den tiefen Schlaf, den alle Kinder schlafen. Meine Aufgabe bestand darin, den Kleinen in regelmäßigen Abständen mit Fleisch zu füttern und darauf zu achten, daß er es immer schön warm hatte. Erst am Abend des dritten Tages zeigten sich winzige Schlitze zwischen den Augenlidern. Nach vier Tagen schon blickte Ilo interessiert mit seinen großen dunklen Augen um sich.

Der Turmfalke ist, gegenüber der Meinung vieler Taubenzüchter, die ihm gerne nachsagen, daß er den Hochflugtauben nachstellt, fast ausschließlich Mäusefresser. Genaue Untersuchungen von Turmfalkengewöllen ergaben, daß nur etwa zehn Prozent der Überreste von kleineren Vögeln, Eidechsen und Insekten stammten, alles übrige jedoch von Mäusen. Der Turmfalke ist Bodenjäger, das heißt, er erspäht die Beute mit seinen überaus scharfen Augen aus großer Höhe und stürzt sich dann, einem fallenden Stein gleich, darauf.

Sicher wäre Ilo Mäusekost am besten bekommen, doch damals, knapp nach dem Krieg, waren Zuchtmäuse nicht zu kriegen, sodaß sich der kleine Falke eben mit Fleisch zufriedengeben mußte. Allerdings durfte nie vergessen werden, dem Futter Kalk und Vitamin D hinzuzufügen, denn unweigerlich wäre Ilo sonst rachitisch geworden. Wie oft wird bei der Aufzucht junger Raubvögel vergessen, daß sie in Freiheit ja auch Skelett und Eingeweide der Beutetiere mitschlucken und daraus den zum Aufbau nötigen Kalk sowie auch verschiedene Vitamine beziehen. Krummbeinige, flugunfähige Geschöpfe sind dann meist das Ergebnis einer mühevollen und gutgemeinten Aufzucht. Da der Turmfalke nicht selten auch in den Großstädten brütet, auf Dachböden und in Mauernischen, geschieht es verhältnismäßig oft, daß die Jungen in Menschenhand geraten. Wüßten die Menschen, daß dieser Falke zu unseren nützlichsten Raubvögeln zählt, würden sie vielleicht die Horste ungeschoren lassen. Leider aber ist dies zumeist nicht der Fall, und die Jungen werden, wenn nicht umgebracht, so eben auf die geschilderte Art zugrunde gerichtet.

Ilo aber war, Gott sei Dank, wohlauf. Beinchen und Flügel entwickelten sich gerade und normal, und sein ganzes Benehmen zeigte die muntere, lebendige Urwüchsigkeit, die an jedem gesunden jungen Tier immer wieder so sehr entzückt. Manchmal lag er ruhig schlafend in seinem Körbchen – doch plötzlich breiteten sich die winzigen Flügelchen aus und flatterten heftig, so als wollten sie schon hoch in den Himmel fliegen, während der kleine Körper ruhig weiterschlief. Übrigens habe ich das schon an vielen jungen Vögeln beobachtet. Vielleicht träumen sie dabei, warum nicht? Wie nett waren auch Ilos verschiedene Schlafstellungen, einmal beide Beinchen nach hinten gestreckt, so richtig auf dem Bauch liegend, dann wieder auf der Seite liegend mit ausgebreiteten Flügelchen, auf jeden Fall immer ganz behaglich und bequem. Nach dem Erwachen und ausgiebigem Dehnen und Strecken der Gliedmaßen in alle Richtungen setzte er sich dann auf und schaute mit den dunklen Falkenaugen scharf um sich, drehte den Kopf dahin und dorthin und verfolgte jeden Vorgang in seiner Nähe auf das gespannteste.

Spürte er die Notwendigkeit, ein Geschäftchen zu verrichten, dann marschierte er so lange rückwärts, bis er an den Körbchenrand geriet, und spritzte dann weit in die Gegend. Pausenlos war das Tierchen, wenn es nicht gerade schlief, beschäftigt; mit Putzen des Flaumes, mit Schauen und Beobachten, mit Futterbetteln, mit Herumzupfen an den Ästchen seines Horstes, die er zuweilen mit den Fängen festhielt.

Immer größer und kräftiger wurde Ilo, und nach zwanzig Tagen zeigten sich an Flügeln und Stoß schon die ersten braunen Federn. Wohl litt er einmal kurze Zeit an einer Erkrankung des Kropfes und der Zunge, doch war er bald wieder gesund und nachher nicht weniger munter und vergnügt. Eines Morgens stand er dann erstmals auf seinen ungeschickten Beinchen und sah dadurch schon recht stattlich aus. Immer ungestümer riß Ilo das Futter von der Pinzette, und erschreckte man ihn durch eine zu hastige Bewegung, dann warf er sich pfauchend auf den Rücken und hielt einem drohend die Fänge entgegen. Immer mehr bewies uns sein Gehaben, daß wir es mit einem richtigen wilden Raubvogel zu tun hatten. Manchmal hopste er nun auch schon aus dem Körbchen, flatterte auf dem Boden umher und tat so, als wäre er hinter einer Beute her. Machte man mit der Hand auf dem Boden krabbelnde Bewegungen, dann stürzte sich Ilo mit wahrem Feuereifer darüber und ließ einen schon recht ordentlich seine nadelscharfen Krallen fühlen. Als ich ihm einmal ein zu großes

Junger Turmfalke

Stück Fleisch, das er mir von der Pinzette gerissen hatte, wieder entwinden wollte, schlug er mit dem Fang nach meiner Hand. Das war jedoch nur eine nebensächliche Meinungsverschiedenheit, denn ansonsten war Ilo unbeschreiblich zahm und anhänglich. Näherte man dem auf dem Boden Umherhopsenden den Fuß, dann wich er allerdings schreiend davor zurück, weil er ja den großen Menschen in seiner Gesamtheit nicht erfassen konnte, sondern in erster Linie Gesicht und Hände kannte, die vom ersten Tag seines Lebens an um ihn waren. Wie gern ließ er sich auf Kopf und Hals kraulen, dabei wohlig die Augen schließend, während seine Glieder locker und weich wurden und der ganze kleine Falke aus lauter Behaglichkeit niedersank. Wie ein zahmes Hündchen lief er einem im eigenartig hopsenden, für Turmfalken charakteristischen Galopp nach. Obgleich noch nicht flugfähig, war ihm doch kein Stuhl und Tisch zu hoch, um auf irgendeine Weise hinaufzuklettern. Von Zeit zu Zeit kehrte er wieder zurück in das Körbchen, um zu schlafen.

Ohne Sorge konnte ich Ilo im Freien herumlaufen lassen, denn erstens ging er nicht weit, und zweitens folgte er auf Ruf. Im Korb wollte er nun nimmer bleiben, obgleich es ihm dem Alter nach noch zugestanden wäre, denn er war ja noch nicht flügge. Einmal kletterte er an einem Baumstamm bis in eine Höhe von etwa zweieinhalb Meter; zum Glück entdeckte ich den Ausreißer rechtzeitig, ehe er in zu großer Höhe war, und konnte ihn mit Hilfe einer Leiter zurückholen. Gott weiß, wie ich ihn sonst wieder gekriegt hätte!

Obgleich weit und breit niemand war, der Ilo sein Futter hätte streitig machen wollen, benahm er sich doch ganz so, als ob immerzu eine ganze Meute anderer hungriger Turmfalkenkinder hinter ihm her wäre, die ihm seine Beute rauben wollte. Hielt man ihm ein Fleischstück entgegen, so riß er es wild aus der Hand und begann wie verrückt, damit herumzurennen, die Flügel wie einen Schild davorhaltend. Oft konnte er sich trotz größten Hungers lange nicht dazu entschließen, mit dem Fressen zu beginnen, aus lauter Angst vor einem gar nicht vorhandenen Dieb. Nun konnte er schon richtig »kröpfen«, das heißt, die Beute mit den Fängen festhalten und Stück um Stück davon herunterrupfen. Käfer und Ohrwürmer fing Ilo schon ganz selbständig und verzehrte sie mit großem Appetit. Einmal »erbeutete« er auch einen Badeschwamm, den ich gerade in der Hand hielt, galoppierte damit in einen entfernten Winkel und verteidigte den Raub so wütend, daß ich es einfach nicht riskierte, ihn ihm zu entreißen, denn bei aller Sympathie mochte ich mir doch nicht die scharfen Dolchkrallen ins Fleisch schlagen lassen. Nach längerer Zeit fand ich die »Beute« wieder – in Form eines Haufens winziger Schwammpartikelchen. Also hatte ihn Ilo zwar nicht verspeist, sehr wohl aber ganz fachmännisch »gekröpft«.

Und dann war es eines schönen Morgens soweit: Ilo war flügge! Laut rufend flog er auf einen hohen Baum. Mir war ungefähr so zumute wie einer Hühnerglucke, die mit ansehen muß, wie ihr kleines Entlein mitten im Teich umherschwimmt. Ich schrie und rief, und Ilo bettelte laut trillernd in allen Tonlagen, und doch konnten wir »zusammen nicht kommen«. Der Falke begriff es einfach nicht, daß die fütternde Mutter nicht zu ihm auf den Baum geflogen kam, so wie es unter Falken eben Brauch ist. Schließlich nach sieben Stunden mußte er mit viel Mühe und einer langen Leiter heruntergeholt werden. Ohne Zweifel wäre er schließlich vor Hunger geschwächt heruntergeflattert, doch wollten wir ihm die Qual und den Jammer ersparen und vor allem eine Schädigung des noch wachsenden Organismus durch zu langes Hungern vermeiden. Bekanntlich wird jede Unregelmäßigkeit in der Ernährung dem Gefieder eines Vogels, sofern es im Wachstum begriffen ist, unauslöschlich eingeprägt. Und zwar geht das so vor sich: Langsam, aber stetig, schiebt sich die wachsende Feder unter der Haut des Tieres hervor, gebildet aus den vom Organismus zugeführten Aufbaustoffen. Hat der Vogel nun eine Hungerperiode, so ist diese Zufuhr stark herabgemindert. Ungeachtet dessen wächst die Feder im gleichen Tempo weiter, jedoch die feinen Fiederchen und Federstrahlen, die die Fahnen schön flächig zusammenhalten, fehlen. Setzt dann wieder normale Ernährung ein, führt auch die Feder ihr richtiges Wachstum wieder fort. Doch als feine durchsichtige Linie bleibt die sogenannte »Federscharte« zurück. Zumeist bricht im Laufe der Zeit der Federschaft an dieser Stelle.

Schon am darauffolgenden Tag hatte Ilo es gelernt, von seinen Ausflügen auf Baumwipfel selbst wieder zurückzukommen. Immer weiter wurden seine Flügel, und nur mehr ab und zu kehrte er abends nach Hause zurück. Sehr wohl kam er jedoch tagsüber oft laut bettelnd zum Fenster hereingeflogen. Wie gern erinnere ich mich noch jener Stunden, wenn ich weit draußen, über die große Wiese wandernd, am Himmel plötzlich das charakteristische Falkenflugbild auftauchen sah, wenn ich dann mehrmals rief und mit einmal eine schlanke braune Gestalt rüttelnd hoch über mir in den Lüften stand, wenn sie dann plötzlich die Flügel anlegte und mitten aus dem Himmel auf mich herabgestürzt kam, um im letzten Augenblick ein paar zierliche Sichelschwingen zu lüften und federleicht auf meiner Schulter zu landen. Zart und vorsichtig beknabberte der scharfe Räuberschnabel meine Finger, und kraulte ich das duftige Gefieder, dann drehte Ilo das Haupt dahin und dorthin und machte sonderbare Kreiselbewegungen damit, so, als wollte er necken und spielen. Nicht selten ritzten die nadelscharfen Fänge meine Hände, und einmal mußte ich infolge einer solchen unbedeutenden Verletzung wochenlang die Hand in der Schlinge tragen. Winzige Fleischpartikelchen, die noch von Ilos Mahlzeit her an seinen Krallen hafteten, hatten eine Infektion verursacht. Wer aber glaubt, daß man durch derlei Zwischenfälle bewogen werden könnte, den Umgang mit einem zahmen, zutraulichen Tier abzubrechen, der irrt gewaltig. Denn ein Geschöpf, das in vertrauter Anhänglichkeit die Gesellschaft eines einzigen und ganz bestimmten Menschen sucht, ist unwiderstehlich. Und so mußte lange Zeit hindurch nur eine Hand genügen, um Ilo zu füttern und sein Köpfchen zu kraulen.

Ilo hatte eine ausgesprochene Lieblingsfarbe, und das war Rot. Deswegen stellte er auch mit Vorliebe den im Stationsgebiet allenthalben umherkrabbelnden Feuerwanzen nach, wie ich aus den schwarzroten Gewöllen einwandfrei ersehen konnte. Noch viel lieber waren ihm natürlich die großen dunkelgrauen Heuschrecken mit den grellroten Flügeln. Es ist ja weiter nicht verwunderlich, daß einem Räuber die Farbe des Blutes besonders anziehend erscheint. Die vielerlei grünen und grünlichen Heuschrecken, die in großer Zahl die Wiese bevölkerten, schien er gar nicht zu sehen. So zogen wir beide oft lange Zeit heuschreckenfangend über die große Wiese, ich für junge Bienenfresser, Ilo für den eigenen Magen. Hatte er genug davon, dann flog er unvermutet in großer Eile davon.

Im Herbst dann kam Ilo immer seltener, und eines Tages war er verschwunden. Da Turmfalken Zugvögel sind, mußten wir ja darauf gefaßt sein, obgleich zahme Tiere oft auch den Winter über im vertrauten Gebiet bleiben, sofern sie regelmäßig gefüttert werden. Abgesehen davon kommt es in wärmeren Gebieten auch vor, daß einzelne Tiere den Herbstzug nicht mitmachen, sondern bleiben. Ilo jedoch schien sich für die weite Reise entschlossen zu haben. Er war und blieb verschwunden. Zuweilen dachten wir auch daran, daß ihm etwas zugestoßen sein könnte. Doch taten wir dies sehr ungern und ließen viel lieber gelten, daß er nach dem warmen Süden gezogen sei, mit der leisen

Hoffnung auf seine Wiederkehr im nächsten Jahr. Doch es wurde März, April und Mai, ohne daß unser zahmer Falke erschienen wäre. Da Turmfalken bereits sehr früh, manchmal schon Ende Februar zurückkehren, hatten wir nun keine Hoffnung mehr, Ilo jemals wiederzusehen, und wir zogen den Schlußstrich unter ein schönes Kapitel unserer Erfahrungen mit Tieren.

Am 27. Mai war es, als uns jemand anrief, er habe einen beringten Turmfalken gefangen. Es war dies in einer Schrebergartensiedlung nicht weit vom Wilhelminenberg, und mit einer ganz kleinen Hoffnung und einem etwas größeren Rucksack ausgerüstet, wanderte ich dorthin. Zunächst war die angegebene Adresse gar nicht leicht zu finden. Schließlich gelang es doch, und unversehens stand ich einem hohen, runden, goldenen Papageienkäfig gegenüber, darin ein schönes Turmfalkenmännchen mit hellgrauem Kopf und grellgelben Fängen wild umhertobte und sich die langen Stoßfedern an den Gitterstäben mehr und mehr zerzauste. Sollte dieser Wildling Ilo sein? Mit einem Handschuh bewaffnet, holte die Frau ihren geliebten »Schackerl« heraus, und nun konnte ich den Fußring genau betrachten. Es stand darauf zu lesen: »Bios Wien Austria«. Und nun wußte ich, daß es Ilo war, denn es ist dies die Aufschrift der Vogelringe in unserer Station.

Also steckte die Frau den verängstigten Vogel in meinen Rucksack und zerdrückte dabei eine Träne. Dann erzählte sie mir die Geschichte, wie Ilo in den Papageienkäfig kam: Eine Schrebergärtnerin saß nichtsahnend in ihrem Garten, und plötzlich kam ein großer Vogel dahergeschossen und setzte sich auf ihren Schoß. Sie wickelte ihn in ihre Schürze und brachte ihn zu jener Familie, die den großen Papageienkäfig besaß und es gut verstand, mit Tieren umzugehen. Vierzehn Tage lang suchte der Mann die zur Ringaufschrift zugehörige Adresse, anscheinend nicht wissend, daß diese bei der Wiener Hauptpost zu erfragen war. Vielleicht auch wollte er den hübschen kleinen Falken eine Weile behalten. Wie dem auch sei – Ilo war in gute Hände geraten, hatte viele fette Schrebergartenmäuse vertilgt und wurde bestaunt und bewundert. Mit leuchtenden Augen erzählte die Frau von »Schackerls« Klugheit und fügte zum Schluß noch hinzu, daß sie trotz allem froh sei, ihn nun aus dem Käfig befreit zu wissen.

So trug ich also Ilo heim, meinen vollständig verwilderten, böse fauchenden Ilo. Allmählich erwarb ich wieder sein Vertrauen, sodaß er Mäuse aus meiner Hand nahm. Gegen Abend, als es schon leicht dämmerte, versuchte ich ganz, ganz langsam meine Hand seinem Kopf zu nähern, um das Gefieder zu kraulen. Nach langem Hin- und Hergetue und lautem Schimpfen endlich ließ er sich's gefallen, und nun war das Eis gebrochen. Freiwillig sprang er auf meine Schulter, und ich durfte ihn streicheln und kraulen, durfte ihn anfassen genau wie früher. Zwei Tage lang wollte ich meinen Falken noch behalten, um ihm dann die Freiheit wieder zu geben. Leise hoffte ich nämlich, er würde sich wieder an mich gewöhnen und im Stationsgebiet bleiben. Viele schöne Mäuse bekam Ilo, ein großes Wassergefäß zum Baden und Trinken, und immer wieder beschäftigte ich mich mit ihm, was er gern duldete. Am Morgen des dritten Tages dann gab ich eine dicke Maus aufs Fensterbrett, legte auch draußen im Freien, nahe unserer Baracke, einige Mäuse aus, um damit Ilo zu beweisen, daß hier ein sehr gutes und nahrhaftes Gebiet sei. Dann öffnete ich das Fenster. Sogleich machte er sich über die Maus her und verspeiste sie, beim Kopf anfangend, Stück um Stück. Schließlich blieb nur noch ein Bröckchen übrig mit dem Schwänzchen dran, und das verschlang Ilo, wie es war. Nun hüpfte er von Fensterbrett zu Fensterbrett, guckte herein, war aber doch viel scheuer als einst. Dann flog er auch zur Erde und begutachtete die dort ausgelegten Mäuse. Dann war er plötzlich verschwunden. Gegen Abend zeigte eine Maus leichte Kröpfspuren. Also war Ilo doch da gewesen! Kurze Zeit später tauchte er im unteren Teil der Station auf. Ich hielt meinem Falken eine Maus entgegen, und sogleich kam er bis auf wenige Schritte interessiert herbei. Die Maus aus meiner Hand zu nehmen, wagte er allerdings nicht. So warf ich sie ihm also zu. Genau so, als ob sie lebend wäre und ihm davonlaufen wollte, stürzte sich der Falke unter hellem »Kick-kick« blitzschnell darauf und hielt sie eine geraume Weile mit dem Fang umkrampft, ehe er auf einen Erdhügel flog, um sie dort zu kröpfen. Anscheinend war der Hunger nicht allzu groß, denn die hintere Hälfte wurde in einer Astnische versteckt. Dann flog Ilo fort. In der Abenddämmerung sah ich ihn noch einmal tief über die Wiese hinstreichen und zwischen den schon bläulich dunklen Baumkronen verschwinden. Dann kam er nicht mehr wieder.

Vögel, die uns im Herbst verlassen, ziehen nicht deshalb in wärmere Länder, weil ihnen der Frost nicht behagt, sondern aus Futtermangel.

Dem Turmfalken geht es, so gesehen, in unseren Großstädten nicht schlecht: Hier gibt es immer wieder warme Plätze – Heizungsschächte, geschützte Höfe, U-Bahn-Tunnel –, wo sich auch im Winter genügend Ratten und Mäuse tummeln. Auf diese Weise kann der Turmfalke seinen täglichen Futterbedarf – 3 bis 4 Mäuse – decken. Sogar in der Innenstadt ist dieser Falke anzutreffen, wo er besonders in alten Gebäuden geeignete Nistplätze findet; der Name »Turmfalke« weist ja bereits auf seine bevorzugten Brutplätze hin. Wir können mithelfen, daß seine Nistplätze nicht selten werden.

Er stellt keine besonderen Ansprüche an seinen Brutplatz: auf Schornsteinen und in Fabriksschächten, auf den Masten elektrischer Überlandleitungen und auf Materialkränen – überall dort konnte der Turmfalke bereits angetroffen werden.

Mit dem Nestbau befaßt er sich nur wenig. Wenn wir nur die Dachluke offen lassen, haben wir ihm schon bei seiner Wohnungssuche Unterstützung geboten. Jetzt müssen wir nur dafür sorgen, daß die Vögel während der Brutzeit möglichst ungestört bleiben und der Hausmeister nicht die vermeintlichen Taubeneier entfernt. Turmfalkeneier sind aber leicht von Taubeneiern zu unterscheiden: Taubeneier sind weiß, Turmfalkeneier sind braun gefleckt. Wenn dem Turmfalken der Nistplatz zusagt und das laufende Kalenderjahr als mäusereich gilt, brütet er vielleicht sogar ein zweitesmal.

Turmfalke (Falco tinnunculus)

Der Turmfalke aus der Gattung Falco zählt zur Unterfamilie der eigentlichen Falken. Sein Verbreitungsgebiet erstreckt sich über ganz Europa, von Skandinavien und Nordrußland bis zum Mittelmeer (Jungvögel sowie auch Altvögel, die weit nördlich siedeln, streichen während des Winters bis nach Südfrankreich, Spanien, Italien und manchmal sogar bis zum Äquator). Die Gesamtlänge der Vögel beträgt 32–34 cm, ihre Flügelspannweite 70–77 cm beim Männchen, 75–81 cm beim Weibchen. Wie bei den meisten Greifvögeln sind auch beim Turmfalken die Weibchen größer als die Männchen, sie wiegen 170–290 g, die Männchen 75–81 g. Sie werden ca. 15 Jahre alt. Eiablage: meist 4–5 Eier, wobei sich die Anzahl der Eier nach den Bestandszahlen ihrer Beutetiere richten – in mäusereichen Jahren werden mehr Eier gelegt.

PAUL EIPPER

Den Schlangen zum Fraß

Auch Schlangen müssen Nahrung zu sich nehmen. Nicht so oft wie Löwen, Pelikane oder Elefanten; sie sind ja Kaltblüter und können wochen-, mitunter sogar monatelang darauf verzichten. In der Fastenzeit wird bei ihnen einfach der Stoffwechsel herabgesetzt.

Drei Pythons liegen, zu großen Tellern eingerollt, ohne Bewegung im verglasten Käfigrund und rühren sich auch nicht, als ein Wärter die Klapptür öffnet, um ein strammes Ferkel von etwa fünfundzwanzig Pfund Gewicht auf den Kiesboden zu stellen.

Nun wird die erste Legende zerstört: das Märchen vom Zauberbann der Schlangen! Unser rosa Schwein springt lustig umher, beschnuppert die Wände, scheuert seinen Rücken am Kletterbaum der Reptilien und kümmert sich so wenig um die Schlangen, wie diese das Ferkelchen beachten. Jetzt pufft aus Versehen die Rüsselschnauze an den Knäuel, sodaß eine Schlange jäh den breiten Kopf hochnimmt und ein wenig zischt. Leicht erschrocken hüpft der kleine Dicke zwei Schritte zurück, und das Reptil zieht den Kopf wieder ein. Mehr ereignet sich nicht.

Vielleicht ist das Schwein zu groß? Ein kleineres wird dazugetan. Von keiner Ahnung gewarnt, toben die beiden vierbeinigen Burschen, daß die Kieselsteine fliegen. Sie beißen sich, schießen Kobolz und beachten gar nicht, daß die sieben Meter lange Netzschlange züngelnd vorwärtskriecht.

Das Schicksal naht, denke ich schaudernd. Die Ferkel aber beschnuppern einander seelenruhig, und die Schlange geht wieder nach Hause. Vielleicht hat sie Appetit auf Kaninchen? Ein weißes und ein geflecktes Tier werden hereingebracht und fühlen sich so wohl im heißen Schlangenraum, daß sie sogleich dem Fortpflanzungsgeschäft obliegen, dicht neben den gleichgültig eingerollten Reptilien.

Es war an diesem Tag nichts mit der Fütterung der Riesenschlangen.

Nebenan liegt eine Boa constrictor, die Abgottschlange Südamerikas. Sie ist wesentlich kleiner als die Netzschlange und bekommt daher nur ein Kaninchen, das sich ihr zutraulich auf den Leib setzt. Auch hier ist Nahrungsstreik.

Zum nächsten Käfig: drei Anacondas wohnen dort. Alle Schlangen sehen nur Gegenstände, die sich bewegen. Daher muß man sie mit lebender Beute füttern, und hier wird nun unser Angebot sogleich angenommen. Kaum daß die beiden Kaninchen in den Glasraum hüpfen, zuckt aus dem Schlangenknäuel ein geöffneter Rachen, schnellt vor, packt zu. Das Reptil umwindet den Säugetierleib, blitzschnell zwei-, dreimal, und zieht schon die Beute zu sich herein ins Wasserloch.

Fünfzehn Sekunden hat die Tragödie gedauert; nur noch ganz schwache Zuckungen macht das Opfer, dessen Körper halb aus dem Wasser ragt.

Das andere Tier aber, sein Bruder, seine Schwester? Hat es den Todesschrei des Artgenossen gehört? Ist es irre vor Angst? Nein, es sitzt dreißig Zentimeter von seinem ehemaligen Gespielen entfernt auf den Hinterfüßen und putzt sich, geht dann zum Wasserloch, hüpft über den Leichnam hinweg und trinkt behaglich.

Ich lernte daraus: keine Schlange bannt ihr Opfer! Kein Beutetier ahnt die ihm hier drohende Gefahr. Die Tötung geschieht in wenigen Sekunden; der Habicht ist grausamer, von den Tiefseebewohnern, von den meisten Insekten und den mikroskopisch kleinen Tieren ganz zu schweigen.

Wie aber töten die Giftschlangen?

Unter Doktor Heinroths Pflege sind junge Klapperschlangen gezüchtet worden und ringeln sich nun im künstlich durchsonnten Behälter um ein Miniaturgebirge. Weiße Mäuse werden eingesetzt, spielen und sind ebenfalls völlig arglos. Eine hellbraune Viper stößt vor. Wird sie zuschnappen?

»Vorbeigetroffen«, vermute ich, weil der Schlangenkopf sofort wieder zurückschnellt. Aber die Maus macht zwei taumelnde Schrittchen, fällt um. Der Giftzahn hat keineswegs das Ziel verfehlt: die Maus ist tot. So geht es der zweiten Maus, der dritten. Geradeso dem schwarzen Kaninchen bei der afrikanischen Puffotter, nicht anders den Ratten bei der Hornviper. Keines der Tiere hat auch nur gezuckt, als der Giftzahn traf; sie haben es wohl gar nicht gespürt. Und immer trat der Tod in wenigen Sekunden ein.

Jetzt wird eine zweite Legende zerstört: Seid klug wie die Schlangen! Nach menschlichen Begriffen ist eine Schlange sogar entsetzlich dumm. Daß sie nur bewegte Gegenstände wahrnimmt, ist bereits gesagt worden. Darüber hinaus entbehrt solch ein Reptil selbst des primitivsten Gedächtnisses. Kaum ist das Beutetier tot, hat die Schlange schon vergessen, wo die Nahrung liegt; es hängt mehr oder weniger vom Zufall ab, daß sie durch ihre Kriechbewegungen darauf stößt. Nun tastet sie so lange herum, bis die Zunge den Kopf des Toten findet; von hier aus beginnt meistens das Schlingmahl. Bisweilen stoßen jedoch zwei Schlangen zugleich auf das Futter; dann packt die eine von vorn, die andere von hinten. Und wenn sie in der Mitte zusammentreffen, schlingen sie unbekümmert weiter; die eine würgt über die andere hinweg, und beide müssen sterben, wenn sie nicht ein geschickt zufassender Wärter trennt.

Schauerlich war für mich die Fütterung der Baumschlangen! Zwei Exemplare der nicht giftigen australischen Rautenschlange liegen zusammengerollt oben im Käfigbaum. Sobald die Ratten eingesetzt sind, schnellt das eine Reptil

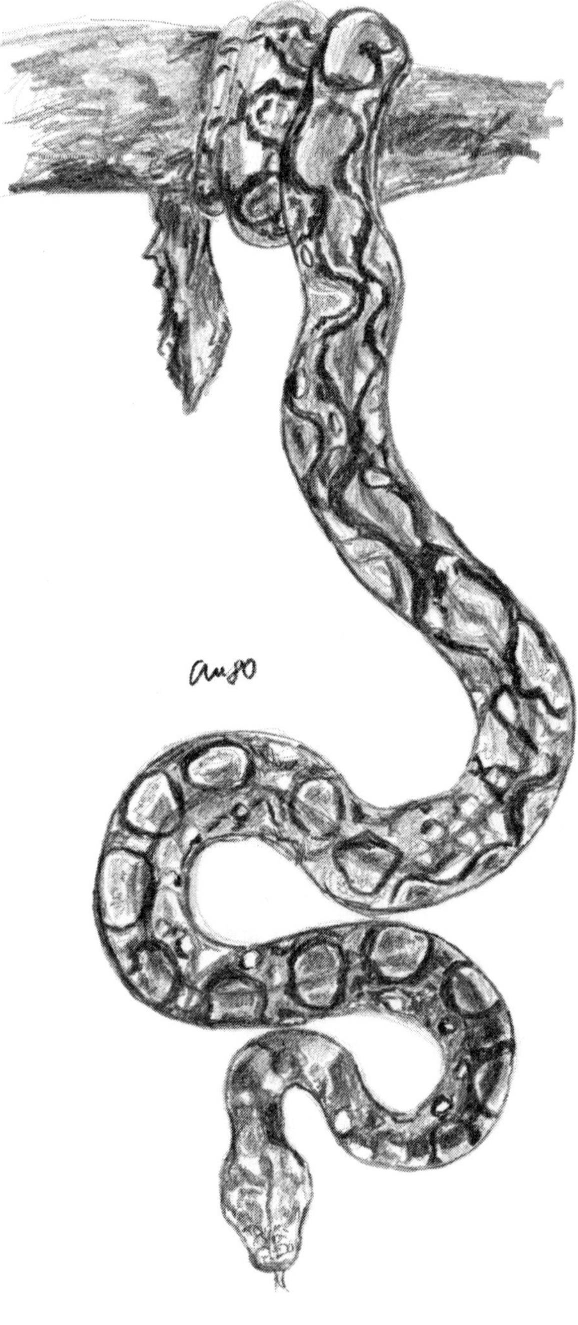

Netz- oder Gitterpython

nach unten; es sieht aus, als werde ein Lasso geschleudert, dessen Ende in der Astgabel verankert ist. Mit der wild zappelnden Beute zieht sich die Schlange alsbald wieder hoch, nicht ganz jedoch; der Leib knotet sich zwei- oder dreimal um das Opfer und erstickt es. Eine scheußliche Traube hängt so herab. Wenige Zuckungen; dann ist auch hier alles vorbei. Und im Herunterhängen frißt nun von unten her die Baumschlange, schlingt also nach oben und rollt sich Zug um Zug, Windung um Windung, wieder in ihr Baumnest zurück.

Man erlebt auch im Aquarium verwunderliche Dinge. Der Wärter erzählte mir, daß eine weiße Maus im Behälter einer Giftschlange mehrere Wochen am Leben blieb. Sie war mit einigen Artgenossen als Futter eingesetzt; die Schlange hatte alle anderen verspeist, dieses eine Tierchen aber übriggelassen. Das Reptil war satt. Der kleine Nager, die Maus, fühlte sich im geheizten Schlangenraum sehr wohl, empfand keinerlei Angst vor dem »kriechenden Giftwurm«, kletterte schnuppernd umher und baute zwischen den Steinen sein Bett.

So kam es, daß die beiden von Natur aus »befeindeten« Bewohner dieses Schaukastens zu verträglichen Nachbarn wurden: die Maus lief der Schlange über den Rücken; die Schlange kroch um die Maus herum, und als die nächste Appetitperiode herankam, tötete die Viper sogleich sämtliche frisch eingesetzten Mäuse – die Stubengenossin aber blieb verschont.

Man hüte sich, aus dieser Begebenheit nun eine Seelenfreundschaft zwischen den beiden Tieren zu konstruieren! Ich vermute, die Schlange hatte sich ganz einfach an jene Maus gewöhnt.

Verglichen mit allen anderen Kriechtieren zeigen Schlangen die unregelmäßigste Nahrungsaufnahme. Ein guter Tierpfleger kennt aber meist die Gründe für eine Nahrungsverweigerung. Es kann zum Beispiel sein, daß die Schlange knapp vor der Häutung steht; das ist an ihren milchigtrüben Augen erkennbar, genau gesagt: an den Lidern, die eine durchsichtige Kapsel über den Augen bilden und mitgehäutet werden. Die Schlange kann zu dieser Zeit ihre Beutetiere gar nicht mehr sehen und zielgerichtet töten. Lebende Beutetiere sind nun aber die natürliche Nahrung für Schlangen! Es ist auch möglich, daß der Schlange die dargebotenen Beutetiere gar nicht zusagen. Viele Kriechtiere sind Nahrungsspezialisten – manche Schlangen fressen beispielsweise nur Eidechsen – und lassen sich in Gefangenschaft nur schwer an andere Futtertiere gewöhnen. Der erfahrene Tierpfleger versucht deshalb, die ihm zur Verfügung stehenden Mäuse mit dem Duft oder dem Schleim der natürlichen Beutetiere zu versehen und so seine Pfleglinge zur Nahrungsaufnahme zu bringen. Ein anderer Grund für Nahrungsverweigerung: Im Terrarium ist die Temperatur gefallen. Bei zu niederen Temperaturen könnte die zu den wechselwarmen Tieren zählende Schlange das Futter nicht verdauen. Hat eine Pythonschlange gerade ihre Eier abgelegt, wird sie ebenfalls nicht ans Fressen denken; sie vergräbt ihre Eier nicht, wie es andere eierlegende Kriechtiere tun, sondern bebrütet sie in ähnlicher Weise wie Vögel. Durch Muskelzuckungen erzeugt sie die für das Bebrüten günstigsten Temperaturen. Manchmal paßt einer neu eingetroffenen Schlange die Fütterungszeit gar nicht in ihren gewohnten Tagesablauf. Viele Schlangen, zum Beispiel Klapperschlangen, gehen nachts auf Jagd und können ihre Beute mit Hilfe eines speziellen Wärmesinnesorgans – dem Grubenorgan – aufspüren. Dieses Organ teilt ihnen die feinsten Temperaturunterschiede mit, bis zu $^1/_{1000}$ Grad, und so können sie leicht eine lebende Maus von einem kalten Stein unterscheiden.

Man braucht also keineswegs sofort zu verzweifeln, wenn Schlangen nicht fressen. Ein Schlangenfachmann macht es sich meist zur Regel, nur alle 10 bis 14 Tage zu füttern. Durch ein vermindertes Futterangebot läßt sich sogar das Wachstum der Tiere regeln. Schlangen verhungern nicht so schnell. Riesenschlangen zählt man sogar zu den echten »Hungerkünstlern«: sie können einige Monate hungern, ohne viel Gewicht zu verlieren.

Bei jeder Futterverweigerung ist aber Vorsicht geboten, wenn es um die lebenden Beutetiere geht: Der Tierpfleger weiß – Laien wollen es meist nicht glauben –, daß den Schlangen von seiten der Beutetiere Gefahr drohen kann. Die Ratten und Mäuse stehen keinesfalls Todesängste aus und merken nichts von drohender Gefahr; sie werden, wenn die Schlange sie nicht frißt und der Tierpfleger sie nicht rechtzeitig herausnimmt, Hunger bekommen und ihrerseits die Schlange anknabbern. So manche Schlange ist auf Grund solcher Bißverletzungen schließlich eingegangen. Deshalb gibt man in diesen Fällen auch Futter für die Futtertiere ins Terrarium. Und viele verwunderte Zoobesucher fragen dann, seit wann Klapperschlangen Körner und Karotten fressen.

Die Geschichte von Paul Eipper hat uns mit zwei Vertretern der Riesenschlangen – Boa und Python – bekannt gemacht: Pythons aus der »Alten Welt« und Boas, Bewohner der »Neuen Welt«. Zum Unterschied von den Pythons, die, wie erwähnt, Eier legen und ausbrüten, bringen die Boas lebende Junge zur Welt. Manchmal stecken diese Jungen allerdings noch in ihren Eihüllen, wenn sie aus dem Körper der Mutter ausgestoßen werden, und befreien sich erst außerhalb der Geburtswege von ihren Hüllen.

Die Klapperschlange, von der Eipper ebenfalls berichtete, rechnet man zu den Grubenottern (nach ihrem Grubenorgan), die lebendgebärend sind. Die Klapperschlangen zählen mit zu den giftigsten Schlangen: sie können ihre Gift-Röhrenzähne sogar nach vorne klappen und in ihr Beutetier einstechen. Sollten ihre Giftzähne dabei verlorengehen, macht das gar nichts aus, da hinter den alten Zähnen bereits Ersatzzähne liegen, die sich dann in die entstehende Lücke vorschieben können.

MONIKA MEYER-HOLZAPFEL

Ein Fisch beim Zahnarzt

Daß wir Menschen zum Zahnarzt gehen, wenn uns ein Zahn plagt, ist selbstverständlich. Daß auch bei Haustieren gelegentlich ein Zahn abgefeilt oder abgezwickt werden muß, dürfte nicht unbekannt sein. Wenn aber ein Fisch der zahnärztlichen Kunst bedarf, dann ist das schon eine außergewöhnliche Geschichte!

So sei denn von den Zahnsorgen erzählt, die wir mit zwei Kugelfischen hatten. Ein paar Eigenschaften dieser Tiere müssen wir vorausschicken.

Kugelfische gehören zu den seltsamsten Fischen, die es gibt. Ihr Name kommt von ihrer Fähigkeit, sich wie ein Ballon aufzublähen, wenn sie beunruhigt sind, zum Beispiel wenn man sie aus dem Wasser herausnimmt. Eine besondere Erweiterung des Magens dehnt sich unter der Brust- und Bauchhaut aus, und der Fisch kann sie mit Wasser oder Luft füllen, die er in sich hineinschluckt. Diese merkwürdige Verwandlungskunst dient offenbar dem Schutz des Tieres; denn wenn ein Verfolger eine Beute vor sich sieht, die sich plötzlich stark vergrößert, dann läßt er wahrscheinlich erschrocken von ihr ab, besonders wenn der Fisch das aufgenommene Wasser ruckweise ausstößt. Die hauptsächlich in den Tropen und Subtropen lebenden Kugelfische werden in nicht gerade tierfreundlicher Weise von den Eingeborenen in aufgeblähtem Zustand getrocknet und als Andenken verkauft . . .

Kugelfische weisen aber noch andere Merkwürdigkeiten auf. Beim Schwimmen sieht es so aus, als kämen kleine Flugzeuge angebraust. Sie schwimmen nämlich ganz anders als andere Fische, bei denen der Schwanzstiel mit der Schwanzflosse antreibt und die paarigen Flossen steuern.

Beim Kugelfisch ist es gerade umgekehrt: Die kräftigen, aber weichstrahligen Brustflossen treiben den Körper mit propellerartigen Bewegungen an, während der Schwanzstiel und die Afterflosse als Steuer dienen. Die Brustflossen können aber auch verschieden arbeiten und so die Schwimmrichtung ohne Unterstützung der senkrechten Flossen bestimmen, ja, der Fisch kann mit ihrer Hilfe sogar rückwärts schwimmen.

Am keulenförmigen Körper sitzt ein sehr großer Kopf mit froschartig weit auseinanderstehenden Augen, die sich ständig aufmerksam hin und her bewegen, wobei bald eines nach vorn blickt, während das andere nach hinten schielt. Das Fischgesicht macht zugleich einen klugen und clownhaften Eindruck.

Aber nun zu den Zähnen! Die Kugelfische gehören zu der Familie der »Vierzähner«, denn die Zähne sind zu vier scharfen Leisten vereinigt. Je eine rechte und linke Leiste oben und unten bilden zusammen eine Art Papageienschnabel, der von wulstigen Lippen mehr oder weniger weit bedeckt ist. Kugelfische sind Spezialitätenfresser: Ihnen munden vor allem hartschalige kleine Schnecken, die sie mit ihrem Schnabel aufknacken. Sie schlürfen die weichen Teile heraus und spucken die Schalenbruchstücke aus. Stehen nun zu wenig Schnecken zur Verfügung und muß man den Fischen statt dessen weiche Würmchen und Muschelfleisch geben, die sie auch gerne annehmen, dann wachsen die Zahnleisten infolge mangelhafter Abnützung langsam immer weiter wie die Nagezähne eines Nagetieres, dem man zu wenig Nüsse und Körner bietet. Schließlich werden sie so lang, daß die Lippen sich nicht mehr über ihnen schließen und die Fische ihr Maul weder öffnen noch zumachen können.

So erging es uns mit unseren beiden »Mbu-Kugelfischen« aus dem Kongogebiet. Der Schnabel wurde immer länger, denn es konnten zu jener Zeit mit bestem Willen keine Wasserschnecken aufgetrieben werden. Als die Fische kaum mehr zur Nahrungsaufnahme imstande waren, entschloß sich der Tierarzt, vorerst einmal beim kleineren Exemplar die Zähne zu kürzen. Glücklicherweise schadet dem Kugelfisch ein kurzer Aufenthalt außerhalb des Wassers nicht. So nahm der Pfleger den Patienten heraus, legte ihn auf ein feuchtes Tuch, und nun zwickte der Tierarzt mit einer Zange oben und unten einen Teil der Zahnleisten ab. Diese Operation bedeutete einen ziemlich starken Schock für das Tier, sodaß es zunächst jede Nahrung verweigerte. Zu unserer Erleichterung fraß es jedoch nach einer Woche wieder etwas Futter. Durch diesen Erfolg ermutigt, nahm der Tierarzt nun auch den zweiten Patienten vor, einen Prachtfisch von 28 cm Länge, und kürzte ihm wie beim ersten den Schnabel. Kann man es ihm verargen, daß er in der Geschwindigkeit, mit der der Eingriff außerhalb des Wassers vor sich gehen mußte, und angesichts der Härte des Schnabels von den kaum 5 mm langen Zähnen etwas zu viel abzwackte? Schließlich war für einen Tierarzt die zahnärztliche Behandlung eines Fisches nichts Alltägliches. Kurz, die beiden Kugelfische wurden »Opfer der Wissenschaft« . . .

Der Große nahm nach dem Eingriff kein Futter mehr an, sosehr sich der Pfleger auch bemühte, ihm schmackhafte Nahrung vorzusetzen. Drei ganze Monate fastete er, dann segnete der Arme schließlich das Zeitliche, nachdem er die Aquarienbesucher während 6½ Jahren durch sein bizarres Aussehen und Gebaren belustigt hatte. Auch der Kleinere zeigte zunehmende Appetitlosigkeit, kränkelte und wurde immer schwächer, bis er schließlich – ein halbes Jahr nach der Zahnoperation – seinem ehemaligen Mitbewohner nachfolgte.

Wie staunten wir, als wir nachträglich in einem Aufsatz der bekannten Stuttgarter Aquarien- und Terrarienzeitschrift (»Datz«, 1961) von einem ähnlichen Fall lasen, bei dem ein richtiger Dr. med. dent. einen Kugelfisch mit Erfolg behandelt hatte! Zu Nutz und Frommen all jener, welche Kugelfische in ihr Herz geschlossen haben, sei der Bericht von Johannes Birkholz hier nacherzählt. Seine beiden Kugelfische gehörten einer Art an, die in Bächen und Flüssen Sumatras und Borneos lebt und Ende der fünfziger Jahre erstmals eingeführt wurde. Sie waren nur 6½ und 7½ cm lang. Herrn Birkholz war es während längerer Zeit nicht möglich, für genügende Hartnahrung zu sorgen. Er verabreichte statt dessen Bachflohkrebse, Fliegen und deren Maden, Mücken-, Libellen- und Gelbrandkäferlarven, Wasserwanzen und Froschkaulquappen, rohe Leber, Miesmuschelfleisch, ja sogar gekochten und geräucherten mageren Schinken! Diese wahrlich vielseitige Kost vermochte aber nicht das schnelle Wachstum der Zähne bei einem der Fische aufzuhalten, die schließlich so lang wurden, daß er das Maul nicht mehr öffnen konnte. Ja, es war sogar so schlimm, daß die Zähne sich in den Ober- bzw. Unterkiefer einbohrten. Der Fisch magerte zusehends ab. Sein Charakter neigte – offenbar infolge des nie befriedigten Hungers – zu Bösartigkeit, und er tyrannisierte die meisten seiner Mitbewohner.

Als Herr Birkholz einmal einem Freunde, der seine Aquarienbecken besichtigte, sein Leid klagte, sagte dieser: »Geh doch mit ihm zum Zahnarzt!« Herr Birkholz überlegte sich den Vorschlag und fand ihn schließlich nicht so dumm, wie er ihm zuerst erschienen war. Er hatte ja höchstens zu gewinnen, aber nichts mehr zu verlieren. So ging er denn wirklich zu einem Zahnarzt und erklärte ihm anhand eines Photos die Sachlage. Als dieser sich überzeugt hatte, daß er nicht einen Geisteskranken vor sich hatte, lachte er Herrn Birkholz nicht etwa aus, sondern nahm sich der ausgefallenen Angelegenheit mit liebevollem Verständnis an und erklärte sich zu einem Versuch bereit, die Zähne des Fisches abzuschleifen. Das war noch viel schwieriger als bei unseren Mbu-Kugelfischen, denn das Maul des betreffenden Tieres war nur 3 mm breit. Die Zahnleisten lagen fest voreinander. Das Maul ging nicht mehr auf. Ein rechter Ansatzpunkt fehlte.

Der Fisch wurde für den Eingriff in einen nassen Mullstreifen gehüllt, damit er nicht aus der Hand gleite. Der Zahnarzt nahm zunächst eine Schmirgelscheibe und setzte sie so an, daß sie die vorderen, oberen Zahnleisten von der Rückseite her nach vorn abschliff. Wie sich zeigte, waren die Zähne äußerst hart, nicht weniger als die menschlichen. Zwei Schmirgelscheiben waren nötig, um den Oberschnabel zu kürzen. Nach fünf Arbeitsgängen mit jeweils einigen Minuten Pause zur Erholung des Fisches war diese mit feinfühliger Hand ausgeführte Arbeit getan. Der Schleifprozeß mußte mit hohen Touren erfolgen, da bei niederer Tourenzahl des Bohrapparates der Kopf des Fisches einer zu starken Erschütterung ausgesetzt worden wäre.

Kugelfisch

Der etwas mitgenommene Fisch versuchte einige Stunden später, Futter aufzunehmen, was zwar schon besser, aber noch nicht zufriedenstellend gelang. Nach einer Pause von drei Wochen wurde der Unterkiefer in Angriff genommen. Da die unteren Zahnleisten aber weiter hinten lagen, konnte die für das kleine Maul zu große Schleifscheibe nicht weit genug hineingeschoben werden. Herr Birkholz machte den Vorschlag, mit einem Bohrer wie mit einer Fräse zu versuchen, den Unterschnabel von einem Mundwinkel zum anderen quer durchzuschneiden. In drei Etappen klappte dies sehr gut. Der Fisch überstand auch diesmal den Eingriff, ging schon eine Stunde nach Einsetzen ins Aquarium auf Futtersuche und fraß bald wieder ganz normal.

Ein japanischer Koch hätte sich wohl kaum die Mühe gemacht, bei einem Kugelfisch Zahnkorrekturen durchzuführen. Er hätte nur mit Kennerblick festgestellt, ob sich der Fisch bereits für die Bratpfanne eignen könnte oder nicht. Viele Tiere, die wir als Besonderheiten in Aquarien oder Volieren pflegen, dienen in anderen Ländern bloß wirtschaftlichen Zwecken. In Japan werden Kugelfische eben als Delikatesse verspeist; ihre gewerbsmäßige Zucht ist freilich noch lange nicht geglückt. Ab und zu glückte die Zucht erst bei den süßwasserbewohnenden Kugelfischen – und zwar bei der Gattung Tetraodon, zu der der Mbu-Kugelfisch zählt. Von den seewasserbewohnenden Kugelfischen kennt man nicht einmal nähere Einzelheiten über ihr Fortpflanzungsverhalten. Die Zucht gelingt vielleicht auch deshalb nicht, weil diese Fische meist sehr unverträglich und bissig sind. Sie lernen zwar während ihrer verhältnismäßig langen Lebenszeit – bis zu 9 Jahren – ihren Pfleger häufig persönlich kennen, aber sie verteidigen ihr Heim meist heftig gegenüber anderen Fischen, auch Artgenossen.

Auch der Mensch muß den Kugelfisch fürchten, aber nicht so sehr, weil ihn der Fisch mit seinen vier Zähnen kräftig beißen könnte, sondern seines Giftes wegen. Den Aquarianer wird auch das nicht stören, da die Tiere ihr Gift weder verspritzen noch durch Stechen in Wunden bringen können; es kann nur dem Freund exotischer Speisen zum Verhängnis werden. Besonders in den Eierstöcken, aber auch in der Gallenblase, der Leber und im Darmkanal des Fisches findet sich dieses starke Gift. Deshalb scheint es angezeigt, sich die Fische nur von Köchen servieren zu lassen, die eine Spezialausbildung für die Zubereitung von Kugelfischen gemacht haben. In Japan kommen jährlich viele tödliche Unfälle nach dem Genuß von Kugelfischen vor. Ist der Fisch hingegen fachmännisch zubereitet, kann man ihn unbeschwert genießen; noch dazu, wo ihm allerlei Knochen fehlen, die es bei anderen Fischen erst zu entfernen gilt. So fehlen dem Kugelfisch Rippen und Beckenknochen; die würden sich auch störend bemerkbar machen, wenn er sich zu einem Ballon aufblasen will.

Wir hier in Mitteleuropa begnügen uns mit der Beobachtung von Kugelfischen, die uns bei guter Pflege interessante Verhaltensweisen zeigen. Ob sie nun mit einem kräftigen Wasserstrahl den Sand vom Boden wegblasen, um nach Futter zu suchen, oder am Abend in ihrem Versteck, als Schlafstellung, den Schwanz nach vorne klappen und die Schwanzflossen falten – immer wieder gilt es Neues zu entdecken, denn die unterschiedlichen Verhaltensweisen sämtlicher 100 Arten aus der Familie der Kugelfische, die im Meer, im Brack- und Süßwasser vorkommen, sind noch lange nicht alle erforscht.

Mbu-Kugelfisch oder Teppichkugelfisch (Tetraodon mbu)
Der Mbu-Kugelfisch zählt zur größten und bekanntesten Familie aus der Unterordnung der Kugelfischartigen. Er erreicht eine Gesamtlänge von 75 cm und ein Gewicht von 6,5 kg. Dieser Kugelfisch lebt im Süßwasser und findet sich nur auf dem afrikanischen Kontinent. Bei guter Haltung wird er bis zu 9 Jahre alt.

HENRY WILLIAMSON

Tarka der Otter

Das Otterweibchen verließ seinen Bau nicht. Es lag ausgestreckt auf der Seite, von Schmerzen und Angst gequält. Doch das Lied des Flusses, der um die Weideninsel eilte, drang bis in seinen Kessel und beschwichtigte es; auch die Pfiffe des Männchens oberhalb der Brücke waren ihm ein Trost.

Als der Mond aus den Wolken im Osten hervorschimmerte, bleich und müde wie ein Vogel im Schnee, verstummten die immer seltener werdenden Pfiffe des Ottermännchens ganz. Aber das Weibchen brauchte jetzt keinen Trost mehr. Es horchte auf einen anderen Ruf, einen schwachen, winselnden Ruf, und jedesmal, wenn es ihn vernahm, wandte es den Kopf und liebkoste mit sanfter Zunge ein Köpfchen, das kleiner war als eine seiner eigenen Pfoten. Den ganzen folgenden Tag, die Nacht und den Tag darauf lag das Weibchen zusammengerollt da, um drei blinde Junge zu wärmen; dann, während die Abendsonne den Berg noch rötlich färbte, stieg es ins Wasser, streifte am linken Ufer entlang und spähte überall umher. Da! Ein Aufblitzen in der Dunkelheit! Der Rücken des Weibchens wölbte sich, als es die Hinterläufe einzog, um schneller vorwärts zu kommen, und Luftbläschen kugelten von seinem Rücken herab. Dadurch, daß seine Rute ungefähr zwei Drittel so lang wie sein Körper und vier Zentimeter stark an der Wurzel war, vermochte es sich so pfeilschnell zu drehen und zu wenden, daß es den Fisch packen konnte, als er hoch über seinen Kopf sprang.

Während es in dem seichten Wasser halb stand und halb lag und die vorüberhuschenden Schatten anknurrte, verschlang es hastig kauend und schluckend heißhungrig seine

Beute. Nachdem es viermal eilig Wasser aufgeschnappt hatte, tauchte es wieder unter. Diesmal fing es einen Aal, fraß aber nur den unteren Teil davon und kehrte dann zurück zu seinen Jungen. Aber da es noch hungrig war, verließ es sie ein zweites Mal. Es lief das Ufer hinauf, blieb dort einen Augenblick hochaufgerichtet stehen und ließ den Wind über seine Nase streichen. Die Amseln im Wald riefen schrill flötend die Waldkäuze an, die aber noch nicht antworteten. Das Otterweibchen ließ sich jetzt auf seine Vorderpfoten hinab und lief wieder ans Wasser. Seine schwere Rute, die auf dem Sand hinter ihm herschleifte, ermöglichte es ihm, geräuschlos aus dem Laufen unterzutauchen.

Das älteste und größte der Jungen war ein Männchen, und als es seinen ersten Atemzug tat, war es von der Nasenspitze bis zur Wurzel seiner winzigen Rute kaum mehr als zwölf Zentimeter lang. Sein Fell war samtweich und silbergrau wie die Knospen der Weide, ehe sie sich vor Ostern öffnen. Es hieß Tarka, ein Name, den vor vielen, vielen Jahren die in den Hütten am Moor wohnenden Menschen den Fischottern gegeben hatten und der *»Kleiner Wasserwanderer«* oder *»Wandernd wie Wasser«* bedeutet.

Wie seine beiden Schwestern winselte Tarka, wenn er Hunger hatte, und suchte sich an seiner Mutter zu wärmen, die sich ausstreckte und eine Pfote erhob, sobald sie tastende Pfötchen oder schnuppernde Näschen an ihrem Fell fühlte.

Sie sorgte dafür, daß die Jungen sauber waren. Häufig während der Tage und Nächte, in denen sie noch blind und hilflos waren, legte das Otterweibchen sich auf den Rücken und wandte den Kopf, um seine Jungen zu lecken. In diesen Augenblicken verstummte das schnurrende Geräusch, das das Wohlbehagen der Mutter ausdrückte. Zuweilen spitzten sich plötzlich ihre kurzen Ohren, und sie fuhr in die Höhe, während ein zorniges Feuer in ihren braunen Augen aufglomm und das starke Haar auf ihrem Nacken sich sträubte, weil sie eine Gefahr witterte. Bei Tage war das Männchen weit fort und schlief in einem Bau am Wehrteich, dessen felsige Öffnung unter Wasser lag, aber in der Dunkelheit erklang sein Pfiff, und dann verschwand der zornige Ausdruck aus den Augen des Weibchens. Es legte sich mit einem Seufzer der Erleichterung beruhigt hin, während die Jungen in ihrer Gier, Leben aus der Mutter zu ziehen, sich gegenseitig fortstießen.

Dies war sein erster Wurf, und das Otterweibchen war überglücklich, als Tarkas Augenlider sich zum ersten Mal öffneten und seine blauen verwunderten Augen es ansahen. Er zählte damals elf Tage. Ehe es seine Jungen hatte, war die Welt dem Weibchen wie eine Wildnis erschienen, aber jetzt spiegelte sich seine Welt in den Augen seines Erstgeborenen. Nach einem Tag neugierigen Umherschauens begann der kleine Tarka zu spielen; er gab seiner Mutter freundschaftliche Klapse auf die Nase und schnappte nach ihren langen Barthaaren. Er puffte seine Geschwister, die auch schon heranwuchsen; täglich wurden seine Augen dunkler, und er gab sich immer größere Mühe, den Bart seiner Mutter zu beißen, weil er ihn kitzelte, wenn sie ihn zwischen ihren Pfoten festhielt und ihn wusch. Einmal, als er sich gerade sattgetrunken hatte und zum ersten Mal knurrte, ohne daß es ihm gelang, sie so zu erschrecken, daß sie aufhörte, seinen Bauch zu lecken, war er derart wütend, daß er versuchte, ihr den Kopf abzubeißen. Sie öffnete das Maul und schnaubte, was bei Fischottern Lachen bedeutet; Tarka strampelte und stieß um sich, während sie so tat, als ob sie ihm den Hals durchbeißen wollte. Tarka hatte aber keine Angst, er schnappte nur nach ihrem Bart und verdoppelte seine Bemühungen, sich freizumachen. Seine Mutter ließ ihn vorsichtig los. Auf wackligen Beinen stehend, griff er sie sofort wieder an, aber er knurrte so viel, daß er brechen mußte, und als sie ihn wieder gesäubert hatte, schlief er zusammengerollt unter ihrem Kinn ein.

Als Tarka seit vierzehn Tagen sehen konnte, war er bereits so selbständig, daß er oft einen Meter weit von seiner Mutter fortkroch. Er blieb dann auch eine ganze Weile weg, obgleich sie ihm besorgt zurief, er solle zurückkehren. Sie hatte Angst vor dem Tageslicht an der Öffnung des Baues, aber Tarka kannte noch keine Furcht. Er liebte es, die Wasserfliegen bei ihrem Sonnentanz über den gekräuselten Wellen zu beobachten. Eines Morgens, als er das helle Licht anblinzelte, ließ sich ein Vogel auf einem Zweig oberhalb der Öffnung des Baues nieder. Der Größe nach war er ein Spatz, aber nicht in der Färbung. Die Füße des Vogels waren viel rosiger noch als die Adern in den großen Felsen des Moorlandes, seine Flügel waren grüner als die jungen sich eben erschließenden Knospen, sein Nacken und Hals waren blauer als der Herbsthimmel am Mittag, seine Brust brauner als sterbendes Farnkraut. Sein schwarzer Schnabel war fast so lang wie sein Körper. Der Vogel war ein Königsfischer. Sein Gefieder war jetzt gerade am strahlendsten, denn sein Weibchen hatte eben ihre sieben leuchtend weißen Eier am Ende eines Ganges im Flußufer gelegt.

Tarka hätte gern mit dem Vogel gespielt. Ein kleiner Windstoß brachte eine der smaragdgrünen Federn in Unordnung, als der Königsfischer sich herabbeugte, um ins Wasser zu blicken. Tarka rief ihm zu, er solle herunterkommen und mit ihm spielen, aber bei dem Klang seiner Stimme, die an das Miauen einer Katze erinnerte, stieß der Vogel plötzlich einen schrillen, pfeifenden Ton aus, flog den Fluß hinauf und ließ den kleinen Tarka allein. Der Jungotter zog das Näschen vor Verwunderung ganz kraus und starrte blinzelnd den leeren Zweig an, unfähig zu begreifen, warum der jetzt leer war.

Er ging zu seiner Mutter zurück und spielte mit ihr, bis er

müde war, und dann schlief er ein. Als er wieder aufwachte, sah er, wie eine seiner Schwestern mit etwas spielte, und sofort wollte er das Spielzeug haben. Den Kopf zur Seite geneigt, betastete er das Ding mit einer Pfote, aber da es nicht fortlief, beklopfte er es mit der anderen Pfote und neigte das Köpfchen auf die andere Seite. Plötzlich, als er es gerade seiner Schwester entreißen wollte, merkte er, daß das Ding ihn ansah. Erschrocken fauchte er es an, worauf seine Schwester jäh zurückfuhr und es auch anfauchte. Das Geräusch weckte das dritte Junge, ein Weibchen, das vor Schreck die Mutter anzischte. Diese leckte ihm aber nur das Gesicht, gähnte und schloß die Augen.

Wieder kroch Tarka auf das sonderbare Ding zu, das ihn anblickte. Er beschnüffelte es und zog sich zurück. Gleich darauf näherte er sich ihm wieder, aber in diesem Augenblick fauchte seine Schwester ihn an, und er lief zu seiner Mutter. Als er nach einer Weile Mut gefaßt hatte und das Ding näher ansehen wollte, hatte sich der Ausdruck in seinen Augen verändert. Beherzt schnüffelte er daran und berührte es mit der Pfote. Es sah ihn jetzt nicht mehr an, denn es war nur der Schädel einer toten Wühlmaus, und das Licht, das von oben durch das von einem Specht gebohrte Loch drang, hatte die leeren Augenhöhlen mit Schatten gefüllt. Tarka schob seinen Fund behutsam zwischen den Pfoten hin und her; dabei fielen einige der Zähne heraus und klapperten in dem hohlen Schädel. Das Geräusch gefiel ihm. Er spielte mit dem Schädel, bis er eine seiner Schwestern vor Hunger miauen hörte, worauf er schleunigst zu seiner Mutter zurücklief.

Eines Abends, als die Jungen allein waren und Tarka mit seinem Lieblingsspielzeug, dem Wühlmausschädel, spielte, sah er eine lebende Wühlmaus, die durch eine Ritze neben einer der Baumwurzeln in den hohlen Stamm gekommen war. Da der Gang breit genug war, um eine Ratte durchzulassen, kroch Tarka mit Leichtigkeit die Röhre entlang, durch die die Maus voller Angst geflohen war, als sie den Fischotter witterte. Die Röhre endete an dem zerrissenen Wurzelwerk, an dem noch einige der Erdklumpen hafteten, die es früher genährt hatten. Winzige grüne Blätter sprossen aus dieser Erde, denn das Unglück der Eiche war für viele Ackersenfsamen ein Segen gewesen.

Wühlmäuse quietschten zwischen den Wurzeln, als sie zu ihren Löchern eilten, denn Tarka lief zwischen ihnen umher, und sie warnten einander, daß ein großes Wiesel käme. Tarka wußte nicht, daß sein Geruch sie mit Schrekken erfüllt hatte; er wußte nicht einmal, was eine Wühlmaus ist. Er hatte nur gesehen, wie etwas sich bewegte, und war darauf zugegangen, denn Bewegung bedeutete für ihn Spiel. Das Quietschen verstummte.

Alles war so ruhig, daß er zum erstenmal das Plätschern und Murmeln des Wassers über den Steinen, das uralte Lied des Flusses vernahm. Er wollte dem Geräusch näher kommen und kroch zu diesem Zweck auf einer dicken Wurzel entlang, aber auf halbem Wege merkte er plötzlich, daß zu beiden Seiten von ihm nichts als eine gähnende Leere war. Er war allein auf der Wurzel. Zunächst versuchte er zurückzugehen, aber er glitt mit der einen Hinterpfote aus und lag platt auf dem Bauch, ängstlich ans Holz gedrückt, unfähig, hinauf- oder hinunterzukriechen. Er schrie nach seiner Mutter, aber sie kam nicht. Seine Rufe wurden immer kläglicher, je mehr er fror.

Ungefähr fünf Minuten später glitt eine pfeilförmige Welle unter der Steinbrücke in tieferes, ruhigeres Wasser hinein, wo die von der Welle hinterlassene Kräuselung von der Strömung geglättet wurde. Die spitze Welle schob sich stetig den Fluß hinunter – das Weibchen kehrte zurück. In der halben Stunde, die es fern von seinen Jungen zugebracht hatte, war es ihm gelungen, sechs kleine Forellen und zwei Aale zu erbeuten, die es sofort aufgefressen hatte. Als es dem Bau fast gegenüber war, wandte es sich seitwärts gegen die Strömung und hatte den Baumstamm beinahe erreicht, als es plötzlich Kopf und Schultern über die Oberfläche emporhob. Aufgerichtet spähte es um sich, schnupperte und horchte, und ehe alle Tropfen von seinen Barthaaren ins Wasser hinabgerieselt waren, war es schon wieder untergetaucht und schwamm, alle vier Schwimmer benutzend, eilig auf den Bau zu.

Das Weibchen hatte Tarkas Hilferufe gehört, und die Angst hatte es zu höchster Eile getrieben. Tarka zitterte vor Kälte. Beim Klang der scheltenden Stimme der Mutter, als sie ihre Junges am Nacken packte und es ans Land trug, schlugen mindestens zwanzig kleine Herzen unter ihrem rotbraunen Fell schneller. Sie schwamm mit sorgfältig erhobenem Kopf, damit das Wasser nicht an Tarka herankäme. Nachher, als sie auf dem warmen Lager ruhte, vergaß sie ihren Schreck und schloß die Augen vor Glück über die Jungen.

In der nächsten Nacht kroch Tarka wieder auf der Wurzel entlang, und da beugte sich ein seltsam riechendes Tier über ihn und machte ihn ganz naß mit Wassertropfen, die von seiner Schnauze herabliefen. Er fauchte das Tier an und fauchte wieder, als er das schrille, ärgerliche Schelten der Mutter und das Zuschnappen ihres Gebisses vernahm, mit dem sie das fremde Tier fortjagte. Dann fühlte er, wie etwas ihn im Nacken packte und ihn hochhob. Mit dem Jungen im Maul knurrte das Weibchen das Männchen an, das ihm aus Neugierde in den Bau gefolgt war. Am darauffolgenden Abend versuchte der Otter wieder in den hohlen Baumstamm hineinzuspähen, aber das Weibchen packte ihn an der Rute und riß ihn herunter, als ob es ihn ertränken wollte. Der Otter hielt das für eine Aufforderung zum Spiel und balgte sich mit dem Weibchen im Wasser herum; sie jagten sich spielend bis zur Weideninsel hinunter, wo das Weibchen das Männchen verließ, da es sich plötzlich an Tarka erinnerte.

Inzwischen war es Mitte Mai geworden, und die Knospen der gestürzten Eiche begannen sich hoffnungsfreudig zu erschließen. Sieben junge Königsfischer saßen auf einem Erlenzweig unmittelbar vor dem Eingang ihres Nestes, und der Wind strich leise über die Flaumfedern der kaum flügge gewordenen Vögel, die nach einer Aalraupe, einem Käfer, einer Garnele, einem jungen Aal oder einer kleinen Forelle spähten. Als die Sonne unterging, steckten die sieben Vögel ihre Schnäbelchen unter sieben kleine Flügel und holten sie nur hervor, wenn ein Pfeifen erklang, das schriller war als das ihrer Eltern. Die Nachtstunden waren für andere Jäger da.

Während der Vollmond noch hell leuchtete, zogen die Fischotter zum Fischfang im Tunnelteich unterhalb der Zollbrücke aus: dort waren Barsche, graue Seebarben und Plattfische zu finden. Die Jungen waren jetzt zwei Monate alt und hatten schon gelernt, sich durch die innere Röhre des Baues zu zwängen und die Wurzel hinunterzulaufen, um auf dem grasbewachsenen Ufer zu spielen. Eines Nachts, als sie sich am Fuß einer Esche herumbalgten, vernahmen sie den Pfiff ihrer Mutter. Sofort ließ Tarka von der Rute seiner jüngeren Schwester ab, und das dritte Junge hörte auf, ihn in den Nacken zu beißen. So schnell sie konnten, liefen sie über die Wurzel in den Bau hinein. Dort wartete die Mutter auf sie, eine Forelle im Maul. Tarka schnupperte daran, während sie den Fisch zerstückelte, aber dann wandte er sich ab, weil der Geruch ihm unangenehm war. Seine jüngeren Geschwister ließen den Fisch gänzlich unbeachtet und strebten gierig nach ihrer gewohnten Nahrung. Da legte sich das Weibchen hin und gab ihnen von seiner Milch, bis es ihrer müde wurde. Es schüttelte die Jungen ab und lief mit dem Otter, der mit ihm den Fluß heraufgeschwommen war, fort.

Bei ihrer Rückkehr brachte die Mutter zwei Frösche mit, die sie in dem schilfbewachsenen sumpfigen Bett des alten

Kanals gefunden hatte. Sie zog ihnen die Haut ab, warf sie in den Bau und glitt wieder in den Fluß, ohne auf das Geschrei ihrer Jungen zu achten. Tarka leckte den einen Frosch. Der Geschmack behagte ihm, und er fletschte seine kleinen Milchzähne, als seine Geschwister die Frösche beschnuppern wollten, obgleich er sie nicht fraß. Dann balgten sie sich wieder, knurrten und spielten, bis die Mutter zurückkam. Diesmal hatte sie einen Aal mitgebracht, den sie bis auf den Kopf in kleine Stücke zerriß. Tarka schluckte die Fischstückchen hinunter und leckte dann den Kopf seiner kleinen Schwester, weil es ihm gut geschmeckt hatte. Dann leckte er seine eigenen Pfoten. Er wusch sich zum erstenmal allein.

Die neue Nahrung änderte die Natur der Jungotter sehr schnell. Sie wurden behende und scheu. Jetzt hörten sie oft mit dem Spielen am Ufer auf, wenn der Schrei eines Nachtvogels oder das ferne Bellen eines Dorfhundes erklang. Sie fuhren zusammen, wenn ihre Mutter zusammenfuhr. Sie begannen die Furcht kennenzulernen. Zuweilen liefen sie, wenn ihre Mutter sie um die Zeit des Sonnenuntergangs allein ließ, um auf Fischfang zu gehen, zum Ufer hinunter und riefen nach ihr. Dann stieg sie an Land und jagte sie wieder zurück in den Bau. Ihre Bewegungen, die so geschmeidig waren, wenn sie an Land war und ihre Jungen bei sich hatte wurden oft, wenn sie allein unterwegs war, hastig; häufig blieb sie unschlüssig stehen und lief dann furchtsam weiter. Oft stand sie hochaufgerichtet, horchend und schnuppernd, um Witterung vom Dorf zu bekommen. Manchmal gingen Leute über die Kanalbrücke, die jetzt auch die Zufahrt zu einem Hause in der Nähe des Wehrs geworden war, und jedesmal, wenn das Weibchen Stimmen vernahm, hörte es auf zu jagen und schwamm den Fluß hinunter, um in der Nähe der Jungen zu sein. Menschenstimmen erschreckten es; das Donnern der im Tal vorbeisausenden Züge hingegen oder die blinkenden vorüberhuschenden Lichtschweife von Automobilen auf der Landstraße beachtete es gar nicht, weil es an sie gewöhnt war und wußte, daß sie ihm nichts taten.

Die Knospen der Eschen, die schon so lange schmollend in ihren schwarzen Hüllen gezögert hatten, brachen jetzt in kleine braungrüne Zweige aus, und der Kuckuck rief die ganze Nacht hindurch. Die Rohrammern schwatzten miteinander zwischen den hochstrebenden saftigen grünen Stengeln des Springkrauts.

An einem warmen Abend, als das Wasser des Flusses niedrig stand, schwamm das Weibchen zu seinem Bau hinunter und rief nach den Jungen, stieg aber nicht zu ihnen an Land, sondern wartete unten auf sie mit einem Fisch im Maul. Sie winselten und spähten hinab, legten die Köpfchen auf die Seite und gaben der Mutter zu verstehen, daß es dort unten einfach grauenhaft sei. Aber sie blieb auf dem Rücken im Wasser liegen und ließ nur den Fisch einen Augenblick los, um ihn gleich wieder zu fangen und seine glitzernden Schuppen im Licht spielen zu lassen. Die zwei jüngsten Fischotter liefen zurück, um durch die kleine Röhre, die nur zur Luftzufuhr da war, in ihren Kessel zu kriechen, aber sie waren schon zu dick, um sich durchzwängen zu können. Vielleicht wäre auch Tarka mitgelaufen, wenn er nicht einen so großen Appetit gehabt hätte. Voll Verlangen starrte er den Leckerbissen an, dessen Duft ihm in die Nase stieg, und das Wasser lief ihm im Mäulchen zusammen. Er winselte, zischte und fauchte, aber er bekam den Fisch nicht. Die Mutter schwamm auf dem Rücken und rief ihm zu, ins Wasser zu steigen.

Tarka beobachtete sie. Er wollte den Fisch brennend gern haben, aber er wagte nicht, das sichere Ufer zu verlassen. Doch da er ihn so nicht erreichen konnte, ließ er sich endlich in das schwarze Wasser gleiten. Eisige, furchtbare Arme umfingen ihn, sodaß er weder sehen noch Luft holen konnte, und als er zu gehen versuchte, erstickte diese grausige Umklammerung ihn, nahm ihm völlig den Atem, brauste in seinen Ohren und erdrosselte jeden Schrei nach Hilfe, bis seine Mutter unter ihn schwamm und ihn auf ihren Rücken nahm. Platt auf dem Rücken der Mutter liegend, wurde Tarka bis an das steinige Gestade einer kleinen Insel getragen. Er prustete und nieste, und nachdem er das Wasser aus den Augen geschüttelt hatte, sah er die Sterne über sich und fühlte die Zunge der Mutter auf seinem Kopf.

Als er den Fisch gefressen hatte, begann das Neuartige seines Erlebnisses ihm Spaß zu machen. Er spielte gerade mit dem Fischschwanz, als er den Pfiff vernahm, dem er oft vom Bau aus gelauscht hatte. Aber beim Anblick des Tieres mit dem breiten flachen Kopf und den langen struppigen Barthaaren, das sich schon früher einmal über ihn gebeugt hatte, knurrte er, fauchte das fremde Wesen an und lief zu seiner Mutter. In ihrem sicheren Schutz schnappte er nach der Schnauze, die ihn beschnupperte. Der große Fischotter rollte sich auf den Rücken und versuchte Tarka zum Spiel zu verlocken, indem er ihn mit den Pfoten anstieß. Tarka beobachtete ihn und hätte gern mit ihm gespielt, aber die Größe des Fremden flößte ihm zu große Angst ein.

Eine Stunde später hatten auch Tarkas Geschwister ihren Fisch beglückt auf den Steinen am Ufer verspeist. Die Mutter war schließlich müde geworden, die anderen Jungen zu locken, und hatte sie kurz entschlossen aus dem Bau geschleift und in den Fluß gestoßen.

Der allererste Fischotter, der ins Wasser stieg, hatte genau dieselbe Angst empfunden wie Tarka an diesem Abend, denn seine Ahnen waren vor Tausenden Jahren Jäger in Wäldern und an Flußufern gewesen, wo sie – wie alle zur Wieselfamilie gehörenden Tiere – der Fährte der warmblütigen, auf dem festen Lande lebenden Geschöpfe nachspürten. Die Wieselfamilie hatte viele Angehörige im Lande der Zwei Flüsse. Die größten waren die Dachse, die in ihren zwischen Baumwurzeln und Sträuchern gegrabenen Höhlen wohnten und nur ans Wasser gingen, wenn sie trinken wollten. Sie waren mit den Hermelinen verwandt, die Kaninchen jagten und über die auf der Erde nistenden Vögel herfielen; aber auch mit den Wieseln waren sie verschwägert, die das Blut der Mäuse sogen und die halbflüggen Vögel aus ihren Nestern schleiften, sowie mit den im Walde selten gewordenen Iltissen. Auch die Edelmarder gehörten zu der Familie, aber sie waren von den Menschen so gejagt worden, daß nur ein einziger übriggeblieben war, der Zuflucht in einem Walde gefunden hatte, wo keine Falle gestellt, kein Gewehr abgefeuert, wo das Rotwild nie beunruhigt und der Fuchs nie gejagt wurde. Dieser Edelmarder war jetzt schon alt, und seine Fänge waren stumpf geworden. Die Fischotter kannten die Teiche in diesem Wald und spielten am Tage darin, während die Reiher in den seichten Gewässern umherstolzierten.

Vor langer Zeit, als noch die Elche in dem Walde an der Mündung der Zwei Flüsse brüllten, waren die Fischotter den Aalen nachgegangen, die im Herbst aus den Teichen und Sümpfen fortzogen, dem Meer zu. Sie waren ihnen bis ins seichte Wasser nachgestiegen, und ein besonders mutiges Ottermännchen lief so oft durchs Wasser, daß es schließlich schwimmen lernte und später, wenn es sehr hungrig war, mit dem Kopf untertauchte, um die Aale zu greifen. Andere Fischotter hatten es ihm nachgemacht. Zwischen ihren Zehen hatten sie eine kleine Schwimmhaut, wie die Wölfe und Hunde sie auch haben, und mit der Zeit wuchsen den schwimmenden Fischottern die Zehen weiter auseinander, und die Schwimmhäute wurden breiter. Gleichzeitig wurden die Klauen kürzer. Ihre Ruten, die sie als Steuer benutzten, wurden länger, dichter und bekamen kräftigere Muskeln. So kam es, daß die Fischotter Jäger unter Wasser wurden.

Die Elche sind nun schon lange fort, und ihre Knochen

liegen unter dem Sand, in der weichen Kohle, die vor vielen tausend Jahren der Wald an der Flußmündung war. Doch sind Fischotter noch nicht so lange Jäger im Wasser, daß die Gewohnheit zum Instinkt werden konnte. Darum mußte Tarka seine angeborene Wasserscheu erst überwinden und einen noch schwachen Instinkt durch Gewohnheit verstärken, genau wie sein Urahne, vom Hunger getrieben, es getan hatte.

Als Tarka am folgenden Abend ins Wasser stieg und auf seine Mutter zuzugehen versuchte, schwamm er bereits. Er war so beglückt darüber, daß er allein von einem Ufer zum andern schwamm; dabei entdeckte er zu seiner Freude, daß er sich ganz leicht wenden konnte, der Mutter zu, indem er seine Hinterläufe und Rute herumschwenkte. Er wandte sich immer und immer wieder, hinauf und hinunter, rückwärts und vorwärts, manchmal Wasser schluckend oder es durch die Nase ziehend, niesend, prustend, hustend, aber immer schwimmend. Er lernte es, die Schnauze über der gekräuselten Welle zu halten, die er ins Wasser schnitt.

Während er beseligt umherschwamm, bemerkte er den Mond, der unmittelbar vor seiner Nase auf dem Wasser tanzte. Früher hatte er oft den Mond draußen, vor dem hohlen Baumstamm gesehen, und er hatte versucht, ihn mit der Pfote zu berühren. Jetzt wollte er ihn beißen, aber der Mond schwamm immer fort von ihm, jedesmal wenn er ihn beinahe erwischt zu haben glaubte. Tarka jagte hinter ihm her. Aber der Mond wand sich wie ein silbern schimmernder Fisch, und Tarka schwamm ihm bis zum Schilf am Ufer nach; dort wich ihm der Mond nicht mehr aus, sondern wartete auf ihn, um mit ihm zu spielen. Über den Fluß drangen die Rufe seiner Geschwister zu Tarka, aber er beachtete sie nicht und lief über die Wiese dem Monde nach. Zwischen Butterblumen, Wiesenschaumkraut und Gräsern lief er immer weiter fort, während sein Fell im

Schein der Mondstrahlen hell schimmerte. In Wirklichkeit war es braun wie ein Bovist im Herbst, aber das Wasser darauf ließ es im Mondlicht glänzen.

Als er einmal einen Augenblick stehenblieb, um dem Blöken der Lämmer zu lauschen, schwirrte ein Falter an seinem Kopf vorbei und kitzelte ihn. Während er sich kratzte, flog ein Vogel vorüber, mit ungleichmäßigen Flügelschlägen und plötzlichen jähen Sturzflügen, fing den Falter in seinem weitgeöffneten Schnabel und verschwand damit. Tarka vergaß sein Spiel mit dem Mond. Er kauerte in den Gräsern, die wie Waldbäume über seinem Kopf ragten; manche hatten Spitzen so buschig wie seine Rute, andere glichen seinem Bart, und alle flüsterten, während sie sich schaukelten. Die Nachtschwalbe kehrte zurück und flog mit lauten Flügelschlägen über seinen Kopf. Tarka war froh, den Pfiff seiner Mutter zu hören, die ihn rief. Er antwortete, und als er merkte, daß ihr Pfiff näher kam, lief er durch die nassen Gräser weiter. Er wußte nicht, wie besorgt seine Mutter war; auch nicht, daß ein Vogel mit großen Augen und gewaltigen Schwingen über ihm kreiste. Plötzlich sauste der große Vogel mit gesträubten Kopffedern und gespreizten Krallen, bereit, seine Beute zu packen, der Erde zu. Das Otterweibchen sah den Vogel fallen und lief so rasch durch das Gras, daß es wie das Rauschen des Windes klang. Der Vogel, eine kurzohrige Eule, hielt Tarka für ein kleines Kaninchen und schwebte unschlüssig über ihm, überlegend, ob das Tier klein genug sei, um angegriffen zu werden. Er zögerte, aber nur für die Dauer von sechs Flügelschlägen, dann stieß er seinen kreischenden Schrei aus, der seine Beute immer zu erschrecken und vor Angst zu lähmen pflegte. Aber Tarka kam aus einer mutigeren Familie als die Eule. Vor Wut fauchend, sprang er hoch und biß nach seinem Angreifer, als er fühlte, wie dessen Fuß seinen Rücken umklammerte und vier Krallen in seine Haut drangen. Mit dem anderen

Fuß hielt sich der Vogel an den Gräsern fest und wandte sich dann mit klapperndem Schnabel, um den Schädel des kleinen Fischotters zu durchbohren. In diesem Augenblick traf ihn ein Pfotenhieb des Otterweibchens, der ihm fast alle Federn von der Brust riß. Das Weibchen trat auf den Vogel und biß einmal, zweimal, dreimal, alles innerhalb einer Sekunde, und so starb die Eule.

Tarka wurde am Nacken gepackt, geschüttelt, hochgehoben und über Stock und Stein bis zum Ufer geschleift, wo ihn die Mutter ins Wasser warf. Gehorsam folgte er ihr über den Fluß dorthin, wo das Männchen auf dem Rücken lag und zwei seiner Jungen beobachtete, die mit der Spitze seiner Rute spielten.

Nachdem die Jungen, Tarka und seine beiden Schwestern, schon ungefähr vierzehn Tage schwimmen konnten, brachte die Mutter ihnen lebende Fische, die sie in seichtes Wasser fallen ließ. Und als sie fast drei Monate alt waren, führte sie sie den Fluß hinunter zu den vom Meere glattgespülten Schlammbänken. Die Flut war zurückgetreten und hatte nur frisches Wasser hinterlassen.

Tarka sprang übermütig durch das hohe grüne Schilf dem Fluß zu; unterwegs blieb er einen Augenblick stehen, um die Fährte eines Brachvogels zu beschnuppern, der dort während der Ebbe nach Futter gesucht hatte. Dicht am Wasser entdeckte er eine neue Fährte – fünf gespreizte Zehen und kleine, von fünf Klauen gebildete Löcher. Der große Fischotter war dort vorübergelaufen. Kurz hinter der Zollbrücke erspähten sie ihn, wie er halb im Wasser stand und einen Fisch kaute, der anscheinend so klein war, daß er es nicht der Mühe wert hielt, ihn festzuhalten oder mit ihm an Land zu steigen.

Die Mutter brachte ihre Jungen zu einem Teich unterhalb der Brücke, ging mit ihnen durch seichtes Wasser und am Ufer entlang bis an das obere Ende des Teiches. Dort stieg sie ins Wasser. Öfter als sonst tauchte ihr Kopf aus dem Wasser empor, als sie von Ufer zu Ufer schwamm, denn sie jagte nicht für sich, sondern trieb die Fische hinunter zu ihren Jungen. Tarka war so aufgeregt, als er einen Fisch sah, daß er ihm nachschwamm und sogar untertauchte, um ihn zu ergattern. Damit er schneller vorwärts kam, benutzte er zum ersten Male alle vier Schwimmer, und siehe da! Tarka schwamm wie ein ausgewachsener Otter neben einem Fisch her! Es war der größte Fisch, den er jemals gesehen hatte, und obgleich er mit kräftigen Stößen ausholte – er machte beinahe hundert in der Minute –, verlor er nach einem Meter den erstrebten Leckerbissen aus den Augen. Er fauchte vor Wut, und ach, Tarka schwamm jetzt nicht mehr wie ein richtiger großer Otter, sondern prustete und schnaubte auf der Oberfläche und war nur ein armer kleiner Jungotter, der sich sehr schlecht fühlte und nach der Mutter jammerte.

Nachdem er eine von seiner Mutter erbeutete Seebarbe gefressen hatte, war ihm wohler. Der Fisch war mit der Flut heraufgeschwommen und im stillen Teich geblieben. Ganz spät abends ergatterte Tarka eine Kaulquappe, die er in einem mit Wasser gefüllten Hufloch fand. Während er damit spielte, sie von einer Pfote in die andere warf und sich ab und zu im Schlamm wälzte, kam er sich wie ein richtiger Jäger vor. Als seine Mutter zu ihm lief, um zu sehen, was er machte, schrie er böse: *Ik-jang!* Das war eine in der Wieselfamilie gebräuchliche uralte Drohung, die in der Ottersprache soviel bedeutete wie: »Geh fort, sonst werde ich dein Blut trinken!«

Old Nog, der Reiher, der über die Weideninsel schwebte, als die Sonne den Wipfel der Weide gelb färbte, erblickte fünf braune Köpfe im Lachsteich – drei kleine und einen größeren in der Nähe der gestürzten Eiche, während der größte allein weiter stromaufwärts schwamm. Die jungen Fischotter waren müde, und es gefiel ihnen gar nicht, daß ihre Mutter sie wusch, als sie wieder im Bau waren. Nachher stieß Tarka seine Schwester vom Nacken der Mutter – dem behaglichsten Platz im ganzen Bau –, legte sich selbst dorthin und schlief sogleich ein. Zuweilen zuckten seine Hinterläufe leise. Er träumte gerade, er jage einem schimmernden Fisch nach, der vor seiner Schnauze fortschoß, als er jäh aus dem Schlaf fuhr, weil seine Mutter ihn abschüttelte. Er gähnte, aber sie zischte ihn an, und er verstummte eingeschüchtert. Draußen vor dem Bau war heller Tag.

Ein Königsfischer flog den Fluß herunter und stieß, als er an dem Otterbau vorbeikam, seinen kurzen schrillen Ruf *tiit* aus. Die Mutter erhob sich und starrte zu der Öffnung des Baus. Bald danach setzte sich eine Turteltaube auf die Esche oberhalb des hohlen Baumstamms, sah sich um und putzte sich. Sie spannte einen Flügel aus und begann die eine Schwungfeder zu ordnen. Dreimal zog sie die Feder durch ihren Schnabel, dann schüttelte sie sich, horchte und fuhr fort sich zu putzen.

Tarka schloß wieder die Augen, atmete tief und schmiegte sich an den Nacken des jüngsten Otters, um seinen gestörten Schlaf fortzusetzen. Er sah auf, als die Mutter zur Öffnung des Baus lief. Sie horchte auf einen Laut, der wie das hohe schrille Summen einer Mücke klang. Das Fell an ihrem Nacken sträubte sich. Von irgendwo weither erklangen seltsame Geräusche, Schreie und Rufe. Die Mutter kehrte sofort zu ihren Jungen zurück und stellte sich schützend über sie, denn sie wußte, daß Jagdhunde das Wasser absuchten.

Tarka duckte sich und horchte auf die Rufe. Sie wurden immer deutlicher. Von Zeit zu Zeit vernahm er eine tiefere, rauhere Stimme. Ein anderes, näheres Geräusch erklang jetzt – das Flügelschwirren der Taube, als sie fortflog und in ihrer Eile gegen einen Zweig stieß.

Eine Sekunde später begann ein Tannenmeisenpärchen, das sein Nest in einem Loch in der Esche hatte, seine heiseren Schreckensrufe erklingen zu lassen. Die weiße Eule war von der Brücke fortgeflogen. Sie saß zwischen dem Efeu auf dem Baumstamm und wandte blinzelnd den Kopf von einer Seite zur anderen. Eine Tannenmeise flatterte erregt auf den Zweigen über der Eule, nur einige Zentimeter von ihrem Kopf entfernt. Die Eule blinzelte die Meise bedächtig an, und unter der Brücke wurde das Hundegebell immer lauter. *Sissi – sissi – sissi – tühihiti!* rief die Tannenmeise, als die Eule fortflatterte. Tarka war an diesen Laut gewöhnt, denn er wurde meistens damit begrüßt, wenn er bei Tageslicht aus dem Bau lugte.

Sissi – sissi – sissi – sissi – tühiti, rief der Vogel wieder, und dann sah Tarka den großen Kopf des Ottermännchens in der Öffnung und seine nassen Pfoten auf der Borke. Das Weibchen zischte ihn an, schnappte nach ihm, und im nächsten Augenblick war der Eindringling fort.

Der Lärm war jetzt sehr laut geworden. Tarka hörte ein dumpfes Knacken rings um sich. Seine Geschwister kauerten in der dunkelsten Ecke des Baus. Immer näher kamen die Rufe der Männer, bis das Geräusch eiliger Schritte am Ufer aufhörte. Das Wasser begann gegen den halb ertrunkenen Baumstamm zu spülen. Klauen zerkratzten seine Borke, die Öffnung zum Kessel wurde dunkel, und die tiefe Stimme, die Tarka immer aus den anderen herausgehört hatte, hallte jetzt im hohlen Stamm wider. Das Otterweibchen duckte sich weiter in den Hintergrund des Baus zurück. Es sah viel größer aus als sonst; sein Körper war wie erstarrt, und die Haare am Rücken standen ganz hoch. Seine Rute fegte den Boden des Kessels. Es erkannte eine der Stimmen und fauchte jedesmal, wenn diese die Namen der Jagdhunde rief. Da verstummte plötzlich die Stimme. Das Horn sang sein einfaches Lied. Peitschen knallten.

Die Hunde zogen sich aus dem Wasser, nur einer blieb darin und fuhr fort, in die Öffnung des Baus hineinzukläffen. Er war der größte Zuchthund der Meute – schwarz und weiß gefleckt. Von der Nasenspitze bis zum Nacken war er schwarz bis auf einige hellere Streifen auf dem Kopf und der großen Schnauze – alte Narben von früheren Raufereien. Jetzt raufte sich kein Hund der Meute mehr mit ihm, denn Deadlock war der unumstrittene Herrscher über sie alle. In seinen Adern floß das Blut der Bullenbeißer, und einer seiner Vorfahren hatte sogar noch Menschen gefressen. Seine Mutter und auch sein Vater hatten manchen Hirsch im Gewässer des Moors zur Strecke gebracht und nachher ein friedliches Alter am Kaminfeuer gehabt als Lohn für treue Dienste. Eine rosa gefärbte Narbe lief Deadlock den ganzen Bauch entlang, denn in seinem zweiten Jahr hatte ein Edelhirsch ihm mit der Spitze seines Geweihs den Bauch aufgeschlitzt, und seitdem hatte der Hund nicht mehr so schnell laufen können. Die Otterjäger hatten ihn für die geringe Summe von einundzwanzig Schilling gekauft, weil ihnen seine langen Beine gefielen, und jetzt war Deadlock der beste, von den Ottern meistgefürchtete Spürhund im ganzen Land der Zwei Flüsse.

Er hielt sich mit den Pfoten am Baumstamm fest, und seine Zähne zernagten die aufgeweichte Borke. Er konnte aber nur den Kopf in die Öffnung zwängen. Während er noch versuchte, festen Fuß zu fassen, lief das Otterweibchen auf ihn zu und biß ihn in das Ohr – mitten durch die blauen Buchstaben, die darauf tätowiert waren und anzeigten, welcher Meute er früher angehört hatte. Deadlock knurrte durch seine gefletschten Zähne. Drei kleine Mäuler am entferntesten Ende des Baus öffneten sich und fauchten vor Angst.

Dann vernahm Tarka jenen Ruf, den er später während seiner Wanderungen sehr häufig vernehmen sollte; einen Ruf, der schon für viele Otter im Lande der Zwei Flüsse bedeutet hatte, daß die größte Ausdauer beim Schwimmen, das schnellste Laufen über Land, das leiseste Fortschlüpfen aus dem Kanal oder dem Bau ihnen nichts mehr nützten.

Tally-ho!

Der Ruf kam vom Fluß her, gerade oberhalb der Weideninsel, aus der Kehle eines Mannes in blauem Rock und weißen Kniehosen, der sein bärtiges Kinn aufstützte. Seine Hände umfaßten eine Eschenholzstange, die beinahe so groß und alt war wie er selbst. Von seinem Auslugplatz hatte er gesehen, wie sich etwas, was einem Knäuel von braunen Wasserpflanzen glich, dicht unter der Oberfläche des klaren seichten Wassers stromabwärts bewegte. Der Mann schwenkte seinen Hut in der Luft und rief wieder:

Tally-ho!

Das Horn des Jägers stieß kurze und dringende Laute aus, der Bau hallte von den Namen der Hunde wider, als der Jäger mit ihnen zu der Stelle lief, wo der Alte zwischen purpurn gestreiften Schierlingspflanzen in dem steinigen Flußbett stand.

Bald darauf ertönte das Horn wieder, diesmal ganz nahe, auch das Geläut der Meute kam immer näher. Fußtritte dröhnten auf dem Holz über Tarkas Kopf, als ein Mann auf dem Baumstamm entlangging. Das Wasser schlug plätschernd dagegen; Hundewitterung aus einer hellkläffenden Kehle drang in den Bau: das Haar auf dem Rücken des Weibchens sträubte sich, während über seinem Kopf eine schnarrende Männerstimme rief: »Zurück, Captain! Zurück, Captain!« Eine Peitsche knallte.

Das Kläffen wurde leiser und die Witterung des Hundes schwächer. Die Rufe entfernten sich stromaufwärts. Die Rute des Weibchens zuckte. Das Haar auf seinem Rücken legte sich langsam, sträubte sich aber gleich wieder, als ein leises Kratzen hörbar wurde. Das Weibchen rückte unruhig zur Seite. Tarka nieste. Tabakrauch. Ein Mann saß im Astwerk über ihnen.

Nach ungefähr einer halben Stunde erklangen wieder Menschen- und Hundestimmen. Dann waren sie am Bau vorbei, und Tarka vernahm ein neues und furchtbares

Geräusch – wie von einem Mammut-Hundertfüßler mit eisernen Zehen, der über die Steine am Ausfluß des Teiches lief.

»Aufgepaßt, er kommt herunter!«

Die eisernen Zehen strichen kreischend rascher über die Steine. Ein Dutzend Männer und Frauen standen dicht nebeneinander im Wasser und bildeten ein Spalier von Ufer zu Ufer, während sie den Fluß mit eisenbeschlagenen Stangen aufrührten, damit der Otter nicht vorbeikommen und zu dem nächsten Teich schwimmen konnte.

Tarka und seinen Geschwistern schlug das Herz wieder schneller. Deadlocks tiefe Stimme schallte den Fluß herunter, dazwischen erklang Captains helles, erregtes Kläffen. Viele kleine Wellen schlugen gegen den Baumstamm. Zwischen der Kanalbrücke und dem lebenden Spalier oberhalb der Weideninsel gab ein Dutzend Hunde aus vollem Hals Laut. Ein stark behaartes Gesicht spähte in den Bau hinein, und eine Stimme rief unmittelbar über Tarkas Kopf: »Zurück, Dewdrop! Zurück, Dewdrop!« Stiefel stießen gegen den Stamm. »Zurück, Dewdrop!« ertönte die Stimme wieder, und Dewdrop wich zurück, denn er hatte bereits einen Biß in die Schnauze bekommen.

Da der Otter nicht zwischen den Menschen hindurch konnte, schwamm er zurück unter die Brücke. Das Geläut der Meute klang gedämpfter. Das Piepsen der Tannenmeisen in der Esche war wieder zu hören.

In dem ruhiggewordenen Bau streckte sich das Weibchen, kratzte sich und suchte nach Zecken, als wäre die Jagd niemals vorbeigekommen. Die Meute und die Jäger befanden sich jetzt oberhalb der Brücke, wo sie ein neues Spalier bildeten. Das Weibchen legte sich hin und döste gerade ein wenig, als es jäh in die Höhe fuhr, von plötzlichen *Tallyho*-Rufen und dem verworrenen Lärm halsgebender Hunde jenseits der Brücke aufgeschreckt. Jetzt schienen sich alle die Laute der letzten Stunden – die der Meute, der

Jäger und des Horns – zusammengetan und vervielfältigt zu haben, aber kurze Zeit darauf wurden sie von einem neuen tiefen Geräusch, wie das Dröhnen der Mühle, wenn das Wasserrad sich dreht, übertönt. Zugleich mit dem Dröhnen erklangen die triumphierenden Rufe der Menschen, der langgedehnte helle Laut des Horns und das Knallen der Peitschen. Der Lärm erstarb allmählich und verstummte dann ganz, bis auf das einsame Bellen eines einzelnen Hundes, um gleich darauf zum letztenmal anzuschwellen. Aber noch lange, nachdem völlige Ruhe herrschte, erschreckten die sonderbar prustenden Geräusche der Mutter die ängstlich zusammengekauerten Jungen.

In einem Ahornbaum, der in der Nähe der Brücke stand, flötete eine Amsel. Das Otterweibchen spähte horchend aus seinem Bau hervor. Das Sonnenlicht auf der Wiese fürchtete es weniger als die Witterung der Hunde, die noch immer über das Wasser zu ihm drang. Es rief seine Jungen zu sich, glitt mit ihnen in den Fluß, stieg dann wieder an Land und lief über das Gras. Stellenweise war es noch naß von dem Wasser, das von den Flanken und Schnauzen der triefenden Hunde gelaufen war. Nur eine Aaskrähe sah, wie das Weibchen mit seinen Jungen über die Wiese zum Mühlgraben eilte, und nur ihr Krächzen folgte ihnen bis in den Wald, wo die Bienen um die purpurnen Säulen der Fingerhutblumen summten und kleine Weidenzeisige zwischen den Geißblattranken flatterten. Die Fischotter huschten rasch zwischen den grünen Samenköpfen der Glockenblumen den Hang hinauf, über dunkelnde Blätter, auf deren Spitzen die Sonnenstrahlen noch glitzerten, und ein junger Königsfischer flog im Schatten der Eichen vorbei.

Die Sonne näherte sich dem westlichen Horizont, als eine graue Bachstelze über den sonnenbeschienenen Bach von Stein zu Stein hüpfte, um schließlich mit wippendem Schwänzchen und tanzenden Füßen auf einem Stein innezuhalten. Im goldenen Schein der Abendsonne strichen die Libellen tief über das klare Wasser, und der Vogel, über dem moosbewachsenen Stein flatternd, schnappte nach einer und verschlang sie: Die Bachstelze flog nicht, sondern hüpfte durch die Luft, während sie vergnügt ihr *Ziwihziwih* rief, bis sie an einem Ahorn vorbei zum Rand eines Teiches kam. Sie lief über das feuchte Sandufer, wo sie die Spuren ihrer zarten Füßchen hinterließ, und pickte von Zeit zu Zeit nach einer der Fliegen, die dort umherkrochen. Von den kleinen, sich kräuselnden Wellen am Teichrand schlürfte sie einen Tropfen Wasser und bog das Köpfchen zurück, um zu trinken. Sie hatte erst zweimal genippt, als sie erschreckt in die Höhe flog, sich auf einen Zweig des Ahorns setzte und hinunterspähte.

Am gegenüberliegenden Ufer rauschte der Bach vorbei, während er unter dem Ahorn tief und still vorüberströmte. Aus dem Wasser hatte sich plötzlich eine Schnauze emporgestreckt – ihr Anblick war es, der die kleine Bachstelze so erschreckt hatte. Zwei dunkle Augen und ein kleiner brauner Kopf mit grimmig aussehenden Barthaaren tauchten auf. Da das Otterweibchen keinen Feind erblickte, schwamm es ans Ufer und stieg an Land, die lange, triefende Rute hinter sich herschleifend. Es blieb eine Sekunde stehen und horchte, ehe es weiterlief und alle Eingänge unter den bloßgeschwemmten Wurzeln des Ahorns am steilen Ufer absuchte. Das Weibchen kannte dieses Uferloch, denn es hatte während seiner eigenen Kindheit hier geschlafen, wenn seine Mutter den Bach hinabgeschwommen war, um zu den weißen Lehmgruben zu kommen.

Die Bachstelze saß immer noch beobachtend auf ihrem Zweig und sah, wie das Otterweibchen wieder aus dem Uferloch hervorkam. Als es nach seinen Jungen pfiff, flog sie fort. Zwei Köpfe glitten jetzt über den Teich, und ein dritter, etwas größerer folgte, denn Tarka war seinen Schwestern nachgeschwommen. Die Jungen krochen in das

Uferloch und hinterließen ihre Trittsiegel in dem Sand, der die Spuren der Bachstelze trug.

Der Blitz hatte einmal den Ahorn gespalten und halb verbrannt, aber es war trotzdem noch so viel Saft in ihm, daß er im Sommer einige Blätter hervorbringen konnte. Sein alter Stamm war das bevorzugte Jagdrevier von zwei kleinen Vögeln, die auf dem weißen Holz hinaufkletterten und sich mit ausgebreiteten Schwänzen festhielten, während sie nach Holzläusen und Spinnen suchten. In jedem Frühjahr baute dieses Baumläuferpärchen sein Nest zwischen dem Stamm und der losen Borke aus kleinen Zweigen, Reisigstückchen, trockenen Gräsern und Federn. Den ganzen Sommer durch summten hier die Hummeln, wenn sie in ihre Nester in den Ritzen des Baumes flogen, aber wenn der erste Frost die Gräser erstarren ließ, steckten sie die Köpfchen unter ihre Vorderbeine und schliefen – wenn sie nicht starben – bis die Primeln wieder blühten. Hier wackelte auch, sobald die Bäume kahl zu werden begannen, der grunzende Igel vorbei, und dann rollte er sich zusammen, schloß seine sanften Augen und versank in einen langen, tiefen Schlaf.

Viele Otter hatten im Kessel hinter dem Wurzelwerk geschlafen; manche waren dort gestorben, und der Bach hatte ihre Knochen fortgetragen.

Mutter und Junge lagen zusammengerollt aneinandergeschmiegt im trockenen Kessel am Ende der Röhre am Ufer, fast zwei Meter vom Wasser entfernt. Die drei Jungen versanken sofort in einen tiefen Schlaf, der nur ab und zu von Träumen gestört wurde. Tarka schlief mit den kleinen Pfoten auf dem Hals seiner Mutter, während sie ihn festhielt. Sie lagen warm und trocken im Kessel, aber das Weibchen schlief nicht.

Beim Einbruch der Abenddämmerung, als die Tag- und Nachtjäger sich im Zwielicht begegneten, hörte es, wie die Amseln die Waldkäuze ausschalten, und später, als die

Amseln schwiegen und mit aufgeplusterten Federn im Dornbusch oder Efeu saßen, hörte es, wie ein Dachs am Bach trank und beim Schlürfen des Wassers grunzte. Als die kullernden, zitternden Rufe der Eulen in ihre gewöhnlichen Jagdrufe übergingen, gähnte das Weibchen und schlief ein.

Manchmal kann eine falsche Namensgebung dazu beitragen, daß bestimmte Tiere ausgerottet werden. Wie soll denn auch ein Laie darüber Bescheid wissen, daß sich ein Fischotter nicht nur von Fischen ernährt, wenn sein Name doch geradewegs darauf hinweist?

So hat man den Fischotter immer wieder bejagt, um diesem »Fischräuber« an besonders ertragreichen Fischgewässern keine Chance zu geben. Erst heutzutage, wo es bei uns so gut wie keine Fischotter mehr gibt, konnte man an gefangenen Ottern feststellen, daß sie sich nur zu einem Drittel von Fischen ernähren. Die Otter lassen sich auch Kaninchen, Bläßhühner, Hühner, Bisamratten, aber auch Frösche, Würmer, Schnekken und anderes Kleingetier schmecken. Dort, wo man sie auch an die Fischzuchtteiche heranließ, dezimierten sie keineswegs die Fischbestände, sondern trugen nur dazu bei, daß unter den Fischen keine Seuchen ausbrachen; die Otter fingen nämlich vor allem die kranken und schwachen Fische!

Eigentlich sollten wir nun auch den Fischotter umbenennen, wie wir es bereits beim »Fischreiher« getan haben, den heute jeder »Graureiher« nennt. Der tatsächlich schädliche »Konkurrent« der Fischer ist außerdem gar nicht unter den Tieren zu suchen, sondern unter den Menschen selbst: Sie verschmutzen und verseuchen die Gewässer, sodaß die Fische zum Tode verurteilt sind oder in ihren Körpern all die Gifte speichern, die mit Abwässern in Meere, Flüsse und Teiche strömen, und an denen dann Menschen todkrank werden.

Die Zucht von Fischottern in Gefangenschaft ist eine schwierige Angelegenheit. In letzter Zeit konnte aber ein österreichischer Zoo mit Nachzucht aufwarten, und zwar der »Innsbrucker Alpenzoo«. Der Zoodirektor überwacht jeweils gespannt auf dem Bildschirm von seinem Schreibtisch aus, ob bei Familie Fischotter alles klappt. Die Wurfhöhle wird von einem Kameraauge rund um die Uhr kontrolliert!

Europäischer Fischotter (*Lutra lutra*)

Otter zählen zur Familie der marderartigen Raubtiere. Das Verbreitungsgebiet des europäischen Otters erstreckt sich über Europa, große Teile Asiens (im Norden bis zum Polarkreis) und Nordafrika (Marokko, Algerien). In weiten Teilen seines Verbreitungsgebiets zählt er zu den am meisten gefährdeten Tierarten. Seine Kopf/Rumpflänge beträgt 65–85 cm, Schwanzlänge 35–52 cm, sein Gewicht schwankt zwischen 7–15 kg. Höchstalter: ca. 22 Jahre.

Junger Fischotter

FARLEY MOWAT

Wol und Wieps

Als die Eulen erst kurze Zeit bei uns waren, hielt unser Hund Mutt nicht viel von ihnen. Er war auf alle meine anderen Tiere eifersüchtig und ganz besonders auf die beiden Eulen, weil sie einen so großen Teil meiner Zeit für sich beanspruchten.

Mit Wol, der erstgefundenen jungen Eule, stand er niemals auf besonders gutem Fuß, aber nach einigen Wochen brachte er es immerhin so weit, daß er sich wenigstens mit Wieps abfand, die ich einigen Jungen abgekauft hatte. Wahrscheinlich lag es daran, daß Wieps so hilflos war und daß Mutt ihn vor anderen Hunden und vor den Katzen der Nachbarschaft beschützen mußte. Und selbstverständlich war Wieps ganz versessen auf Mutt, weil er wußte, daß er sich auf den Schutz des alten Knaben verlassen konnte. Sobald Wieps aus seinem Käfig gelassen wurde, ging er sofort auf die Suche nach Mutt. Wenn er ihn fand, stieß Wieps einen leisen Ruf der Erleichterung aus und drängte sich an die Seite seines Beschützers. Legte Mutt sich nieder, so kuschelte sich Wieps zwischen seine Pfoten. Manchmal kam er ihm so nahe, daß seine Hornfedern Mutts Nase kitzelten; dann mußte Mutt niesen und wehte Wieps beinahe um.

Fühlte Mutt sich zu sehr gestört, dann versuchte er, sich vor Wieps unter der Garage zu verstecken. Das hatte aber nicht viel Sinn, denn Wieps zwängte sich dann ebenfalls unter die Garage. Er konnte es nicht ausstehen, wenn er Mutt auch nur für eine Minute aus den Augen verlor.

Mutts Beziehungen zu Wol waren ganz anderer Art. Wol fürchtete sich vor nichts, was flog, lief oder kroch, und davon war Mutt nicht ausgenommen. Nach Wols Meinung war Mutt lediglich jemand, den man fortgesetzt ärgern und quälen konnte, und das besorgte er auch gründlich.

Mutt war so etwas wie ein zerstreuter Hund. Anstatt einen Knochen zu vergraben, den er nicht sofort brauchte, ließ er ihn oft im Gras liegen. Das war ein Fehler, denn früher oder später entdeckte Wol diesen Knochen, flog herbei und schleppte ihn fort. Nicht etwa, daß Wol selbst Knochen mochte; denn da er keine Zähne hatte, konnte er sie nicht beißen, aber er nahm sie eben gern Mutt weg. Sobald er den Knochen hatte, legte er ihn an eine Stelle, an der Mutt ihn sehen oder riechen, nicht aber erreichen konnte. Manchmal legte er den Knochen in eine Astgabel, gerade hoch genug, daß Mutt ihn auch springend nicht schnappen konnte; dann legte er ihn auch wieder in die Regenrinne der Garage, daß der Duft unaufhörlich zu Mutt herabströmte und ihn fast um den Verstand brachte.

Zu Wols bösen Tricks gehörte es auch, daß er Mutts Fressen stahl. Mutt bekam sein Futter jeden Nachmittag gegen fünf Uhr auf der hinteren Veranda. Wenn Wol sich um diese Zeit gerade besonders gelangweilt oder streitlustig fühlte, begann er das Futterstehlspiel. Er wartete, bis Mutt zu fressen begonnen hatte, dann flog er vor das Haus und begann dort einen Lärm, der sich anhörte wie ein erbitterter Hundekampf und ein Katzengefecht gleichzeitig. Darauf fiel Mutt immer wieder herein. Sobald er den Lärm hörte, kam er laut bellend um die Ecke gejagt und war zu jedem Kampf bereit. Während er sich dann aber noch auf seine kurzsichtige Art umsah, um festzustellen, wo der Kampf überhaupt stattfand, flog Wol schon über das Haus und verschlang Mutts Fressen auf der hinteren Veranda. Kam Mutt dann zurück und sah seinen leeren Napf, wirkte er ungemein verwundert. Da er wirklich sehr zerstreut war, konnte er sich nicht immer genau erinnern, ob er nun eigentlich schon alles gefressen hatte oder nicht. Aber er war noch immer hungrig.

Wols Lieblingsspiel mit Mutt war das Schwanzkneifen.

Mutt war schon ziemlich alt, als die Eulen zu uns kamen, und an den heißen Nachmittagen hielt er gern ein Schläfchen im Schatten der Pappeln vor unserem Haus. In der weichen Erde neben den Bäumen hatte er sich ein Lager ausgehöhlt. Dort konnte er bequem und ruhig liegen, bis die Sonne unterging und die Luft sich ein wenig abkühlte.

Wol seinerseits schien überhaupt niemals zu schlafen, obwohl alle vogelkundlichen Bücher behaupten, Horneulen schliefen den ganzen Tag und jagten während der Nacht. Vielleicht lag es daran, daß Wol diese Bücher niemals gelesen hatte; jedenfalls war er am Tag ebenso lebendig wie bei Nacht, wenn nicht sogar noch aufgeweckter.

Wenn ich an Sommertagen unterwegs war und keine Kinder zum Spielen in der Nähe waren, langweilte sich Wol. Und dann spielte er für gewöhnlich das Schwanzkneifspiel.

Nachdem er sich vergewissert hatte, daß Mutt wirklich fest schlief, schlich er den alten Hund an, wie eine Katze einen Vogel beschleicht. Das tat er immer zu Fuß. Vermutlich hielt er es für unfair, dabei seine Flügel einzusetzen.

Von der Vordertür aus schlich Wol über den Rasen und bewegte sich so langsam und vorsichtig, daß man kaum eine Bewegung wahrnehmen konnte.

Hob Mutt dann zufällig den Kopf, so sah er Wol stocksteif im Gras stehen und unschuldig zum Himmel hinaufblicken, als fragte er sich, ob es wohl bald Regen geben würde. Nach einem langen, mißtrauischen Blick auf Wol fielen Mutts Augen wieder zu, der Kopf sank auf die Pfoten, und bald schlief er wieder fest. Er schnarchte auch recht kräftig, und sobald das Schnarchen begann, setzte Wol sein behutsames Anschleichen fort.

Bisweilen brauchte Wol ungefähr eine Stunde, bis er den Rasen überquert hatte, doch immer verhielt er sich so still und umsichtig, daß Mutt eigentlich niemals eine Chance gegen ihn hatte. War er nahe genug gekommen, hob Wol ein Bein und senkte es ganz langsam auf Mutts Schwanzspitze.

Dann stieß er einen lauten Schrei aus und kniff gleichzeitig heftig in Mutts buschigen Schwanz.

Der arme Mutt sprang kerzengerade in die Höhe und jaulte vor Schmerz und Überraschung. Wenn er sich dann endlich wieder gefaßt hatte und bereit war, ein Stück aus Wol herauszubeißen, saß die Eule bereits auf dem Ast eines nahen Baumes und sah auf Mutt hinunter, als wollte sie sagen: »Du armer Kerl, was mußt du wieder für einen schrecklichen Traum gehabt haben!«

Mutt umtanzte dann jaulend und bellend den Baum und forderte Wol auf, herunterzukommen und einen ehrlichen Hundekampf auszutragen. Daraufhin tat Wol etwas ganz besonders Kränkendes; er schloß nämlich die Augen und tat, als schliefe er ein.

Obgleich Wol derartige Scherze sehr liebte, war doch bemerkenswert, daß er anderen Tieren niemals ernstlich weh tat, wenn er es vermeiden konnte. Selbstverständlich war die Lage ganz anders, wenn jemand versuchte, ihm weh zu tun. Dann konnte Wol gefährlich werden. Ganz gewiß war er aber nicht ein angriffslustiger und blutdürstiger Vogel, wie man es den Eulen oft nachsagt. Er ging nicht einmal auf eigene Faust jagen; Ziesel und weiße Ratten huschten bisweilen über den Rasen, und er rührte sie nicht an. Ein Tier aber griff er immer an, und das war ein Stinktier.

Anscheinend empfinden alle Horneulen einen natürlichen Haß gegen Skunks, wenn auch niemand einen Grund dafür zu nennen weiß. Mehr noch: Horneulen sind die einzigen mir bekannten Tiere, die ein Stinktier sogar auffressen, und der Geschmack scheint ihnen sogar zu behagen. Unser Haus in Saskatoon stand ziemlich nahe am Fluß, und im Buschwerk und im Gestrüpp an den

Ufern fanden die Skunks Wohnungen, die ihnen sehr zusagten. Da sie in der Stadt keine Feinde hatten, waren die Stinktiere vom Ufer so keck geworden, daß sie machmal sogar über den Bürgersteig vor unserem Haus marschierten, als gehöre er ihnen.

Das war allerdings, bevor wir Wol bei uns hatten. Eines Sommerabends, kurz nachdem Wol fliegen gelernt hatte, beschloß einer der Uferskunks, einen Spaziergang durch die Crescent Avenue zu unternehmen. Das Stinktier kam den Bürgersteig entlang und war offenbar ganz sicher, daß niemand wagen würde, es zu stören. Es trottete gemütlich dahin und ließ sich Zeit, bis es den Schatten unter unseren Pappeln erreicht hatte. Mutti, Vati und ich aßen gerade zu Mittag, und die Fenster des Eßzimmers standen offen, weil der Tag sehr heiß war. Plötzlich entstand ein großes Flügelrauschen, und Wol saß auf dem Fenstersims. Ehe noch jemand Zeit hatte, irgend etwas zu unternehmen, sprang er herunter und saß neben meinem Stuhl. Und er war durchaus nicht mit leeren Händen gekommen. In seinen Fängen hielt er ein riesiges Stinktier. Das Tier war zwar tot, aber das half nicht besonders viel, denn vor seinem Tod war es ihm noch gelungen, sich selbst und Wol mit seinem eigenen und sehr besonderen Parfüm zu überstäuben.

»Huuuhuuuhuuu!« sagte Wol stolz.

Das bedeutete wahrscheinlich: »Habt ihr etwas dagegen, wenn ich euch Gesellschaft leiste? Mein Essen habe ich mir selbst mitgebracht.«

Niemand hielt sich mit einer Antwort auf. Wir drei Menschen stürzten bereits aus der Tür des Eßzimmers und mußten heftig husten und prusten. Wol mußte seine Mahlzeit allein halten.

Es dauerte zwei Wochen, bis wir das Eßzimmer wieder benutzen konnten, und als Mutti die Tischwäsche und die Teppiche zur Reinigung schickte, rief der Inhaber sofort an und fragte, ob sie vielleicht sein Geschäft ruinieren wolle.

Uhu-Mutter mit Jungen

Wol roch auch nicht besonders gut, konnte aber durchaus nicht begreifen, warum er plötzlich so unbeliebt geworden war. Die Art, wie wir alle versuchten, ihm aus dem Weg zu gehen, muß seinen Stolz sehr verletzt haben. Als ich nach zwei oder drei Tagen noch immer nicht in seine Nähe kam und ihn auch nicht an mich heranließ, wirkte er sehr unglücklich. Dann muß in seinem Kopf ein seltsamer Gedanke aufgeblitzt sein. Er bildete sich offenbar ein, wir wären böse mit ihm, weil er das Stinktier nicht mit uns geteilt hatte. Deshalb flog er bald darauf zum Ufer, erlegte ein zweites Stinktier und brachte es uns nach Hause.

Diesmal war er so mit Skunköl durchtränkt, daß man ihn einen Häuserblock weit riechen konnte. Einige unserer Nachbarn beschwerten sich darüber, und endlich mußte mein Vater Wol in ein paar Litern Tomatensaft baden. Tomatensaft ist nämlich die einzige Flüssigkeit, die den Stinktiergestank wirklich fortnimmt.

Der arme Wol! Als Vati endlich mit ihm fertig war, sah Wol aus wie ein Putzlumpen, den man in Tomatenketchup getaucht hat. Immerhin begriff er endlich und brachte uns nie mehr ein Stinktier nach Hause.

Wol und Wieps wohnten so lange bei uns, daß man sie in ganz Saskatoon kannte, besonders Wol. Wie mein Vater gesagt hatte, begriff Wol niemals völlig, daß er eine Eule war. Meistens schien er sich für einen Menschen zu halten. Jedenfalls war er sehr gern unter Menschen, und er wollte so gern stets bei uns sein, daß wir schließlich den Versuch aufgeben mußten, ihn aus dem Haus fernzuhalten. Sperrten wir ihn aus, dann kam er an das Fenster und schlug mit seinem kräftigen Schnabel so heftig gegen die Scheiben, daß wir fürchteten, das Glas könnte zerbrechen. Maschendraht half auch nicht, denn den zerfetzte er mit einem einzigen kräftigen Krallenhieb.

Und so wurde er allmählich zur Hauseule. Im Haus bewies er immer ausgezeichnete Manieren und verursachte keinerlei Schwierigkeiten – abgesehen von einer einzigen Gelegenheit.

An einem Hochsommertag besuchte uns der neue Pfarrer unserer Kirche. Er war gerade erst in Saskatoon eingetroffen und wußte deshalb noch nichts über unsere Eulen. Mutti führte ihn ins Wohnzimmer, er setzte sich auf das Sofa und balancierte eine Tasse Tee auf den Knien. Dann sprach er mit meiner Mutter über mein häufiges Sonntagsschulschwänzen.

Wol hatte eine Expedition zum nahen Fluß unternommen. Als er heimkam, watschelte er über den Rasen, sprang auf das Fensterbrett eines der Wohnzimmerfenster und sah hinein. Als er den Fremden erblickte, sprang er noch einmal und landete genau auf der Schulter des Geistlichen.

Mutti hatte ihn kommen sehen und auch noch versucht, den Pfarrer zu warnen, doch es war zu spät. Ehe sie auch nur den Mund öffnen konnte, saß Wol schon auf der Schulter des Mannes, reckte den Hals, sah ihm ins Gesicht und stieß seine freundschaftlichsten Eulenlaute aus.

»Wooohooo?« fragte er höflich.

Anstatt zu antworten, stieß der Pfarrer einen Schreckensschrei aus und sprang auf. Der Tee ergoß sich über den Teppich, und die Tasse fiel in den Kamin und zersplitterte in tausend Stücke.

Das alles geschah so plötzlich, daß Wol das Gleichgewicht verlor, und wenn es ihm am Gleichgewicht fehlte, dann schlossen sich ganz selbstverständlich seine Krallen, damit er besseren Halt fand. Als Wol nun fester zukrallte, stieß der Pfarrer ein wahres Indianergeheul aus und versuchte die Tür zu erreichen.

So war Wol bisher noch niemals behandelt worden, und es gefiel ihm durchaus nicht. Gerade als der Pfarrer die

Vordertür erreichte, breitete Wol die Flügel aus und startete. Seine Flügel waren nicht nur groß, sondern auch sehr stark. Einer davon traf den verwirrten Pfarrer an der Schläfe, sodaß er jetzt noch lauter schrie. Aber in diesem Augenblick war Wol bereits in der Luft. Er flog auf seine Lieblingspappel, und er war so entrüstet über die Behandlung, die ihm widerfahren war, daß er bis zum Abendessen nicht mehr herunterkam.

Auf menschlichen Schultern zu sitzen, zählte zu Wols Lieblingsvergnügen. Für gewöhnlich ging er mit seinen Krallen dabei so vorsichtig um, daß man sie überhaupt nicht spürte. Manchmal, wenn er auf der Schulter saß und sich besonders guter Stimmung fühlte, fing er an, an einem Ohr zu knabbern. Sein Schnabel war so scharf, daß er ein Ohr mit einem einzigen Biß vom Kopf hätte trennen können, doch er nahm nur das Ohrläppchen ganz behutsam in den Schnabel und knabberte ein wenig daran. Es tat nicht weh, wenn es manche Leute auch ein bißchen nervös machte. Zu den Freunden meines Vaters zählte ein Mann, der bei der Eisenbahn arbeitete und sehr große, rote Ohren hatte. Jedesmal, wenn er uns besuchte, trug er eine Mütze mit Ohrklappen. Sogar im Sommer setzte er sie nicht ab, denn er meinte, bei seinen großen Ohren und mit einer ohrenknabbernden Eule im Haus könne er kein Risiko auf sich nehmen. Wir mußten natürlich darüber immer sehr lachen.

Für gewöhnlich war Wol gutmütig, doch er konnte auch böse werden. Eines Morgens schickte mich meine Mutter zum Einkaufen. Einem meiner Fahrradschläuche war die Luft ausgegangen, und so mußte ich zu Fuß gehen, und Wol begleitete mich. Wir waren erst ein Stückchen gegangen, als uns der Briefträger begegnete. Er trug ein dickes Briefbündel in der Hand, sortierte es und achtete nicht darauf, wohin er trat. Anstatt also um Wol herumzugehen, lief er genau gegen ihn. Schlimmer noch: Er sah nicht einmal nach, worüber er gestolpert war, sondern er stieß nur einmal mit dem Fuß, um das Hindernis aus dem Weg zu räumen.

Nun konnte man mit Wol eine ganze Menge Dinge anstellen, die er durchgehen ließ – aber wenn man ihn trat, war das eine ganz andere Sache. Er zischte wie ein riesiger Teekessel, breitete die Flügel weit aus und schlug sie dem Briefträger gegen die Schienbeine. Ein solcher Flügelschlag war wie ein Tritt von einem Maulesel. Der Briefträger ließ seine Briefe fallen und humpelte, Zeter und Mordio schreiend, die Straße entlang, während Wol ihm unentwegt auf den Fersen blieb.

Nachdem ich Wol eingefangen und beruhigt hatte, entschuldigte ich mich bei dem Postbeamten, aber mindestens einen Monat betrat er unseren Hof nicht mehr, sondern er blieb an der Pforte stehen und pfiff, bis einer von uns kam und die Post in Empfang nahm.

Unsere Eulen waren so sehr daran gewöhnt, mich fast auf allen Wegen zu begleiten, daß es gar nicht so leicht war, sie zu Hause zu halten, als im Herbst die Schule wieder begann. Ich fuhr immer mit dem Rad zur Schule, die ungefähr zwei Meilen entfernt auf der anderen Seite des Flusses lag. In der ersten Woche nach dem Schuljahrsbeginn kam ich viermal zu spät, weil ich erst meine Eulen heimschaffen mußte, die mir nachgekommen waren.

Schließlich schlug mein Vater vor, ich solle sie jeden Morgen vor meiner Abfahrt im großen Käfig einschließen. Wieps und Wol hatten diesen Käfig schon lange nicht mehr benutzt, und als ich sie hineinsetzte, benahmen sie sich, als wäre er ein Gefängnis. Wol war ganz besonders wütend und fiel mit Schnabel und Krallen über den Maschendraht her. Ich verschwand sehr schnell, denn es war ohnehin schon reichlich spät geworden, und ich wußte, daß eine nochmalige Verspätung Nachsitzen bedeuten würde.

Ich war mitten auf der Brücke über den Fluß, als plötzlich ein Mann einen Schrei ausstieß und auf etwas deutete, was sich hinter meinem Rücken befinden mußte. Im selben Augenblick bremste ein mir entgegenkommender Wagen mit kreischenden Reifen und wäre fast gegen das Betongeländer gerutscht. Da ich nicht wußte, was vor sich ging, bremste ich ebenfalls, und ich kam gerade noch zum Stehen, ehe ein großes Luftrauschen um mich war, ein freudiger Eulenruf mir im Ohr klang und Wol auf meiner Schulter landete.

Er war zwar sehr außer Atem, aber offenbar so sehr mit sich selbst und seiner Leistung zufrieden, daß ich es nicht übers Herz brachte, ihn wieder heimzubringen. Außerdem blieb mir dazu auch gar keine Zeit mehr. So begleitete mich Wol also auf der Lenkstange für den Rest meines Schulweges.

Ich sauste auf den Schulhof, als eben die Zwei-Minuten-Glocke läutete und alle anderen Schüler durch das Schultor strömten. Jetzt wußte ich nicht, was ich nun mit Wol anfangen sollte, bis ich mich erinnerte, daß ich ein Stück Bindfaden in der Tasche hatte. Ich kramte ihn heraus und band damit Wols Beine an der Lenkstange meines Fahrrads fest.

In der ersten Stunde hatte ich an jenem Morgen Französisch. Da ich einerseits dauernd an Wol denken mußte und andererseits meine Hausaufgaben nicht erledigt hatte, bekam ich bald Ärger mit der Lehrerin (die wir hinter ihrem Rücken Fifi nannten). Fifi ließ mich vor die Klasse treten, damit sie mir besser auseinandersetzen konnte, wie dumm ich sei. Ich stand neben ihrem Pult und wünschte, der Fußboden möge sich unter mir öffnen und mich verschlingen, da wurde laut an das Fenster geklopft. Ich wandte den Kopf, und dort entdeckte ich zu meinem Entsetzen Wol.

Er hatte sich nicht gerade lange mit dem Bindfaden aufgehalten.

Später hörte ich, daß er zunächst an zwei oder drei

andere Klassenfenster geklopft hatte, ehe das richtige gefunden war. Und da er jetzt wußte, wo die richtige Klasse war, verschwendete er keine Zeit mehr. Unglücklicherweise hatte Fifi unsere Fenster nicht geschlossen, Wol duckte sich, sah mich und kam hereingeflogen.

Wahrscheinlich hatte er vorgehabt, auf meiner Schulter zu landen, doch er verfehlte sein Ziel und steuerte statt dessen im letzten Augenblick Fifis Pult an. Es war ein Pult mit einer polierten Platte, und er fand darauf keinen Halt. Seine Bremsen faßten nicht, er rutschte über den ganzen Tisch und verstreute Papier und Hefte über den Fußboden. Fifi sah ihn kommen und wollte von ihrem Stuhl aufspringen, doch sie war nicht schnell genug. Wol rutschte von der Tischkante und fiel ihr genau in den Schoß.

Danach gab es dann einige Unannehmlichkeiten. Ich wurde zum Direktor geschickt, und Fifi ging für den Rest des Tages nach Hause.

Der Direktor war aber ein sehr netter Kerl. Er hielt mir nur eine Strafpredigt und sagte dann, wenn ich nicht dafür sorgen könne, daß meine Eule daheim bliebe, dann müßte er eben die Polizei verständigen, damit sie etwas unternähme.

Endlich fanden wir eine Möglichkeit, die Eulen von meinem Schulweg abzuhalten. Jeden Morgen unmittelbar vor meinem Aufbruch ließen wir Wol und Wieps in die Küche. Mutti fütterte sie dann mit den Schinkenrinden, die vom Frühstück übrig waren, während ich mich aus dem Haus schlich und davonraste. Das klappte sehr gut, nur für Mutti wurde es etwas schwierig, denn den Eulen gefiel es in der Küche so gut, daß sie nicht wußte, wie sie die beiden wieder hinausbefördern sollte. Einmal hörte ich, wie sie einer Freundin erklärte, wenn eine Frau noch niemals einen Kuchen gebacken habe, während ihr zwei Horneulen über die Schulter schauten, wisse sie überhaupt nicht, was Hausarbeit bedeute.

Liest man die Geschichte von Wol und Wieps – sie spielt in Nordamerika –, wird einem das eine oder andere unglaubwürdig erscheinen; wer hat schon jemals einen Uhu bei hellichtem Tag über die Straßen fliegen sehen? Es wird doch behauptet, daß Eulen nur bei Nacht unterwegs sind und tagsüber irgendwo versteckt sitzen und halbblind in die Sonne blinzeln. Sollte diese Ansicht tatsächlich stimmen, müßten die Schnee-eulen verhungern, denn in der Tundra wird es ja den ganzen Polarsommer hinweg nie richtig dunkel und die Eulen könnten somit nie auf Jagd gehen. Bei uns ziehen es viele Eulen nur deshalb vor, nachts auf Jagd zu gehen, da sie bei Tag mit starker Konkurrenz zu rechnen haben; Mäusebussard, Turmfalke usw. sind dann unterwegs, um ihrerseits Nagetiere zu erbeuten. Aber auch kleinere Eulen – wie etwa der Steinkauz – sind tagsüber auf Beutesuche, und man kann sie rasch über den Boden laufen sehen, wenn sie gerade auf Insektenjagd sind.

Sicher gibt es nichts Netteres, als kleine Eulen aufzuziehen und so handzahm zu machen. Aber es ist auch nicht jedermanns Sache, diese Tiere fachgerecht zu versorgen; zu Hause müßte dann eine Mäusezucht aufgebaut werden, und das schnelle, schmerzfreie Töten von Mäusen müßte geübt werden, um die toten Mäuse an die Eulen zu verfüttern. Handaufgezogene Eulen und Greifvögel können diese Beutetiere nicht selbst umbringen. Der Lernvorgang, lebende Beute zu schlagen, ist eine langwierige Angelegenheit, und zu Beginn müßten die Mäuse viele Qualen ausstehen; oft werden die Mäuse gar nicht umgebracht und die Eule sticht ihnen nur die Augen aus. Bei der Fütterung von Wol und Wieps sind anscheinend auch einige Fehler passiert; die Eulen mit Küchenabfällen, wie Schinkenrinden, zu füttern, ist für die Tiere sicher schädlich.

Über die Angst, die manche Besucher durch Wol und Wieps auszustehen hatten, dürfen wir uns nicht wundern.

Auch im Zoo betritt der Tierpfleger häufig mit abwehrbereitem Besen die Uhuvoliere. Viele nicht handzahme Uhus versuchen zielsicher, dem Tierpfleger ins Gesicht zu fliegen und mit den nach vorn gereckten dolchscharfen Krallen in die Augen zu schlagen.

Wol und Wieps, die als schwache und verletzte Babys aufgefunden wurden, konnten nicht mehr in die Freiheit entlassen werden; nur gesunde und kräftige Jungtiere, die man in Gefangenschaft großgezogen hat, kommen für Aussetzungsversuche in Frage. Bis dahin ist es aber ein langer Weg, und diese Versuche sollte man deshalb nur Fachleuten überlassen.

Die Horneulen oder die Virginischen Uhus, wie man sie noch nennt, zählen zu den größten Eulen der Welt (auch unser Uhu gehört in diese Gruppe). Zu ihren Beutetieren zählen Säugetiere bis zur Hasengröße sowie Vögel bis zur Bussardgröße; daneben greifen sie aber auch Fische und Frösche. In Gefangenschaft müssen sie immer wieder Beutetiere mit Fell oder Gefieder erhalten, damit es zu Gewöllebildungen kommen kann. Und wer von uns kann den wöchentlichen Nahrungsbedarf eines Uhus von ca. 1 kg Fleisch schon in Form von frischgetöteten Beutetieren decken?

Virginia-Uhu, Amerikanischer Uhu oder »Horneule« (Bubo virginianus)
Gemeinsam mit unserem europäischen Uhu zählt der Virginia-Uhu zu den größten Eulenvögeln (Ordnung Strigiformes). Sein Lebensraum umfaßt Wälder und Steppengebiete, sein Verbreitungsgebiet erstreckt sich von Zentralalaska und Labrador bis zur Magellanstraße. Seine Größe beträgt ca. 45 bis 58 cm – er ist also etwas kleiner als unser europäischer Uhu –, sein Gewicht schwankt beim Männchen zwischen 1,8 bis 3 kg, beim Weibchen zwischen 2 bis 3,5 kg. Wie alle 130 bekannten Eulenarten kann auch dieser Uhu sehr alt werden und ein Höchstalter von ca. 60 Jahren erreichen. Horneule ist die wörtliche Übersetzung von »Horned Owl«.

WÄSCHA-KWONNESIN

Sajo und ihre Biber

Das erste Abenteuer

Negik, der Otter, sprang.

In seiner Gier versuchte er aber, alle vier kleinen Biber auf einmal zu fassen, doch die warfen sich triebhaft seitwärts und spritzten auseinander. Da er sich kein bestimmtes Opfer ausgesucht hatte, verfehlte er alle und prallte, von der Schnellkraft seines Sprunges geschleudert, schwer gegen die Wand des Biberhauses. Das verwirrte ihn eine Sekunde lang. Die Jungen benützten die Gelegenheit, drückten sich an ihm vorbei und hasteten durch den freigewordenen Tunnel hinaus. Der aufs höchste gereizte Otter, der ganz genau wußte, daß er draußen eines nach dem andern abfangen konnte, wollte gerade hinunterstürzen, als die Einfahrt sich aufs neue verfinsterte. Das war die einzige Warnung, die er erhielt, im nächsten Augenblick kämpfte er mit den alten Bibern um sein Leben. Sie waren gerade noch zur rechten Zeit gekommen, und die sonst so gutmütigen und verspielten Geschöpfe waren bereit, sich für ihre Kinder bis zum Tode zu schlagen.

Der Otter war zwar flinker auf seinen Beinen und wütender als sie und verbissen wie eine Bulldogge, aber eine Biberhaut ist zäh, und die meißelförmigen Vorderzähne schlitzten zolltief durch Haut und Muskeln des Räubers. Die Eltern krallten ihre Hände in den Leib des Otters und trieben die rasiermesserscharfen Meißelzähne immer tiefer in sein Fleisch. Negik, der nicht feige war, kämpfte hart und versuchte seinen Lieblingsgriff an einer Biberschnauze, um wenigstens die Zähne des einen abzuwehren, konnte aber nicht viel ausrichten und hatte vollauf zu tun, seine Kehle vor den Angreifern zu schützen. Er wand und krümmte sich wie eine Eidechse, fauchte und knurrte, fuhr mit dem Kopf bald nach rechts, bald nach links. Doch die Biber hielten stumm und verbissen fest und ließen sich von dem wie toll tobenden Feind hin und her ziehen. Immer tiefer schlugen sie ihre Zähne in den verhaßten Leib. Hier war ein Feind, der schlimmste von allen, ihn wollten sie ein für allemal loswerden. Hinüber und herüber wogte der Kampf, bis der ganze verbissene Knäuel ins Tauchloch stürzte, ein Durcheinander aus Beinen, Leibern, Schwänzen und entblößten Zähnen, und fast vor den Füßen Gitschie Megwons landete. Der Indianer stand da, mit schußbereitem Gewehr, dicht vor dem Biberhaus.

Der Anblick dieses neuen Feindes entmutigte Negik vollends, mit einer riesigen Kraftanstrengung riß er sich los und entfloh. Die Biber in ihrer Wut achteten des Menschen nicht, sondern stolperten dem flüchtenden Gegner nach, aber der glitschige Schlamm, der sie aufhielt, war für den Fischotter gerade der richtige Fußhalt. Er warf sich mit Macht vorwärts in das schlüpfrige Zeug, rutschte auf einen Satz fast sechs Meter weit, sprang, rutschte, sprang, rutschte, gelangte zum Damm, hastete hinüber und ward nicht mehr gesehen.

Nie wieder würde er mit Bibern anbändeln!

Gitschie Megwon, die Große Feder, sah ihn von dem Fels aus, auf dem er stand, verschwinden. Einmal hob er zielend das Gewehr an die Wange, aber dann ließ er ihn doch laufen. Der hatte seine Strafe! Alles war gut, und der Teich begann sich langsam wieder zu füllen. Am Grund lief schon wieder eine Pfütze zusammen und wurde immer größer. Der ausgebesserte Damm tat seinen Dienst wie zuvor. Gitschie Megwon war jedoch noch immer ein wenig besorgt, denn er hatte die jungen Biber wohl herausstürzen, aber nicht mehr hineingehen sehen. Von einem Versteck am Ufer beobachtete er die Vorgänge. Die Mutter machte sich auf, ihre Kinder zu suchen. Zwei davon waren aus ihrem Verschlupf gekrochen und warteten auf die Alte. Als sie herbeikam, watschelten sie ihr entgegen. Eines stellte sich auf den platten mütterlichen Schuppenschwanz und glitt auf diesem eigenartigen Schlitten nach Hause. Es stand aufrecht und hielt sich bei dieser etwas wackeligen Reise mit den Vorderpfoten an Mutters Pelz fest. Das zweite fuhr genauso heim. Und wie ihnen die Fahrt gefiel! Stolz blickten sie umher und fühlten sich mächtig. Gitschie Megwon hatte ebenso seinen Spaß an diesem komischen Bild wie die Kleinen, wenn auch jeder sich dabei auf seine eigene Weise vergnügte.

Der Mann war ganz Auge und konnte nicht anders, er *mußte* daran denken, wie schmachvoll es ist, Geschöpfe zu töten, die sich so um ihre Kinder, um ihr Wohl und Wehe kümmerten, die ordentlich Haus hielten und aneinander hingen. Es war Gitschie Megwons erstes Erlebnis dieser Art, und er begriff, warum die alten Indianer die Biber »Kleine sprechende Brüder« nannten.

Obwohl Große Feder weder Nahrung noch eine Decke bei sich hatte, beschloß er trotzdem, die Nacht am Teich zu verbringen, falls Negik zurückkehren oder sein Gefährte des Wegs kommen sollte. Der Fischotter zieht nämlich oft paarweise auf Beute aus. Die Nacht verging, und niemand kam. Als Gitschie Megwon am nächsten Morgen fortzog, war der Teich wieder voll und alles wie früher. Der Eingang lag wieder unter Wasser, und nichts war anders.

Fast nichts. Gitschie Megwon hatte keine Ahnung, daß die zwei anderen jungen Biber, vollständig kopflos vor Schreck und Angst, auf einem langen, zu irgendeinem Zweck angelegten Durchgangsweg fortgestolpert waren. Er führte zum Damm. In ihrem Bestreben, jenes wütende Ungeheuer so weit wie möglich hinter sich zu lassen, waren die beiden ungesehen über den Damm geschlüpft und standen im leeren Bachbett, immer von der Einbildung gehetzt, Negik sei hinter ihnen her. Aus lauter Angst krochen sie schließlich in eine Höhle unter der Uferbank – und keine Sekunde zu früh. Denn kaum waren sie außer Sehweite, da stürzte der fliehende Feind an ihrem Versteck vorüber. Also war ihre Angst doch begründet gewesen, sie hatten seinen keuchenden Atem tatsächlich vernommen. Glücklicherweise haben junge Biber, ebenso wie andere ganz junge Tiere, keinen Eigengeruch, sodaß selbst eine so empfindliche und ach so neugierige Fuchsnase sie nur durch Zufall hätte finden können. Auch Negik ahnte nichts von ihrer Gegenwart und bemühte sich aufs äußerste, den Zwischenraum zwischen sich und dem Biberteich möglichst rasch zu vergrößern.

Die Angst vor einer Rückkehr des Feindes war so groß, daß die beiden Tierchen in ihrem Versteck noch dichter aneinanderrückten. Sie trauten sich weder vor noch zurück, sondern blieben hocken und warteten auf die Mutter, die sicher nach ihnen suchen würde. Aber das Fehlen des Geruchs, das eben noch vorteilhaft gewesen war, wurde nun ihr Verderben. Denn die fieberhaft suchenden Eltern konnten sie nicht finden und wußten nicht einmal, daß die beiden über den Damm gegangen waren. Die aufgeregten und zu Tode geängstigten Kleinen merkten nicht, wie nahe die Eltern waren. Traurig und verlassen kauerten sie in ihrer kleinen Höhle und warteten auf die vertraute tiefe Stimme, auf die große liebevolle Mutter, die sie in ihren kleinen Nöten getröstet und mit ihrem warmen Leib geschützt hatte. Sie oder der Vater *mußte* kommen. Der Vater hatte immer so schön gespielt und sie das Schwimmen gelehrt, hatte frisches, duftendes Gras für ihr Lager und zarte Blättchen für die hungrigen Mägen gebracht. Nun gab's kein frisches Gras mehr, keine zarten Leckerbissen, nur harten Stein und knirschenden Sand. Hungrig und verängstigt verbrachten sie die lange Nacht. Einmal äugte sie ein schlankes, dunkles, wieselartiges Geschöpf an. Sie warteten wie zwei Mäuschen und getrauten sich kaum zu atmen, solange es die Nase in ihre kleine Höhle steckte und die Luft prüfte. Es war Schong-gwis-see, der Nerz. Als er gleich zwei Biber erblickte, schreckte er vor einem Angriff zurück und verschwand. Nach einer Weile faßten sich die Verirrten ein Herz und guckten vorsichtig unter ihrem Dach vor, sie fuhren aber gleich wieder zurück, denn aus der Luft stieß eine graue Gestalt herab, ein unheimliches geisterhaftes Geschöpf mit großen, gelb-feurigen Glotzaugen, das sie nur um wenige Zentimeter verfehlte und geräuschlos wieder emporflog. Es setzte sich auf einen großen überhängenden Ast, starrte und starrte, knappte mit dem Schnabel und stieß ein lautes Gekreisch aus, das in ein häßliches Gelächter ausklang. Wah-pa-ho, die Lacheule, hatte sie entdeckt und wartete nun eine günstige Gelegenheit ab. Und sooft die Biber aus ihrem Versteck blinzelten, begegneten sie diesen unheimlichen Augen.

Der neue Tag brach an, und Wah-pa-ho verschwand. Der Teich war wieder ganz voll, und das Wasser spülte wie früher über die Dammrinne und ergoß sich in das schmale Bachbett. Die Abenteurer stürzten sich in die Flut, um ihr Heim zu suchen. Hätten sie nur gewußt, wie nahe es war! Ihre kleinen Köpfe hatten die schrecklichen Erlebnisse des Vortags und der Nacht noch nicht verarbeitet, und es sah ziemlich wirr darin aus. Nun waren sie wirklich verloren! Zu klein und zu schwach, um gegen den Strom zu schwimmen, wählten sie den leichteren Weg und ließen sich von den Wellen bachabwärts treiben, immer weiter weg von Heimat, Eltern und Schwestern. Schwach und hungrig wie sie waren, konnten sie sich nicht nach Nahrung umsehen. Trotzdem fühlten sie sich etwas sicherer, sie befanden sich ja wieder im Wasser. Welche Reise! Welches Ende stand ihnen bevor? Nichts Gutes, früher oder später mußte die Fahrt ins Verderben führen.

Der kleine Bach verlangsamte seinen stürmischen Lauf, wurde ruhiger. Sanft schaukelten die Reisenden auf den Wellen. Ein Hirsch stand am Ufer, spitzte die Lauscher und blickte aus großen feuchten Lichtern zu ihnen herüber. Später hastete eine eilige Bisamratte vorbei und schnatterte einen schrillen Gruß. Von den Ästen riefen Vögel herab. Warm und gut war die Sonne, und die Welt, an der sie schläfrig auf weichen Wasserwellen vorüberschaukelten, war schön. So würde es immer weitergehen, im-mer weiter, bis sie erschöpft einschlafen und nimmer aufwachen würden. Sie befanden sich jetzt im ruhigen Wasser des Flusses. Sanft schaukelten sie dahin – und dann entdeckte sie Gitschie Megwon, der inzwischen wieder an seinen Rastplatz zurückgekehrt war.

Leise schob er das Kanu ins Wasser und paddelte vorsichtig zu ihnen hinüber. Sie hörten ihn, öffneten ein wenig die Augen und sahen ihn an. Vielleicht war ihnen alles gleich, vielleicht blickte das große Auge am Bug nicht so grimmig drein, wie es hätte tun sollen. Oder ahnten sie, daß von diesem Wesen nichts Böses kommen konnte? Vielleicht. Tiere, selbst ganz junge, scheinen zu wissen, wer ihr Freund ist.

Nun war er bei ihnen. Vorsichtig und zärtlich hob er sie aus dem Wasser; sie sahen so klein und elend aus, als er sie in seinen Händen hielt. Ihre winzigen Vorderpfoten hatten sie zu richtigen Fäustchen geballt, als ob sie ihr bißchen Leben so teuer wie möglich verkaufen wollten. Die Augen fielen wieder zu, und die kleinen Dickköpfe waren zu schwer und pendelten schlaff hin und her. Große Feder sah, daß sie dem Tode näher standen als dem Leben und ward traurig, denn er war ein guter Mensch – wie jeder rechte Jäger –, er brauchte nur Zeit zum Nachdenken.

Retten wollte er sie, es wenigstens versuchen! Schließlich lebte er von den Bibern und ihren kostbaren Pelzen. Es schien ihm nur gerecht, wenn er einen Teil der Schuld ihnen gegenüber abtrug und die armen kleinen Burschen, die ihm das Schicksal buchstäblich vor die Füße geschwemmt hatte, vor dem Tode bewahrte. Schnell drehte er bei und fuhr zum Ufer zurück, holte süße Büchsenmilch aus dem Vorratssack, verdünnte sie mit Wasser und flößte den Trank in die stumpfen Mäulchen. Und wie er die kleinen Wollbällchen in seinen großen, starken Händen hielt, fühlte er die leeren, flachen Bäuchlein und den schwachen, flatternden Herzschlag. Während Gitschie Megwon die Findlinge fütterte, legten sie ihre winzigen Händchen um seine Finger und hielten sie fest. Und sein einfaches Indianerherz wurde weich und wandte sich den hilflosen Geschöpfen zu. Was sollte er mit ihnen anfangen? Er wußte es nicht. Seine Zeit war knapp, denn er hatte seinen Kindern Sajo und Schapian versprochen, an einem bestimmten Tage wieder zu Hause zu sein. Was sollte er tun? Trug er sie zum Teich zurück – fanden sie den Weg hinüber nicht; ließ er sie laufen – wer weiß, ob sie dann nicht im Magen eines Habichts, eines Adlers oder eines Raubfisches endeten. Sein Heimweg war lang, sie würden ihm nur lästig fallen. Schließlich waren sie eben doch nur kleine Tiere. Ja, kleine Tiere – das war schon richtig, aber sie befanden sich in bitterster Not und brauchten Hilfe. Es wäre gemein gewesen, sie zu verlassen, denn der Indianer, der noch die alte Sitte hochhält, hat für solche Fälle strenge Regeln.

Die Bibermutter hatte ihre Kinder wunderschön gefunden, aber Gitschie Megwon fand sie nur sehr häßlich mit ihren übergroßen Hinterfüßen, den kurzen runden Körperchen und kleinen Mopsnasen. Wie Puk-wajus, wie indianische Gnomen, sahen sie aus, grad zum Lachen. Richtige Schoßtiere! Schoßtiere, Schoßtiere? dachte Große Feder. Seine Tochter Sajo würde in wenigen Tagen elf Jahre alt werden. Das wäre ein Geburtstagsgeschenk, und kein alltägliches! Und wenn sie einmal älter und als Schoßtiere zu groß sind, könnte er sie ja immer noch zu ihrem Heimatteich bringen. – Gitschie Megwon fuhr zusammen, die Biber spürten die gute Wirkung der eingeflößten Milch und schrien nach mehr. Wie kann ein Mensch zwei Geschöpfe verlassen, die wie kleine Kinder weinen? fragte er sich. Seine eigenen fielen ihm ein, genauso hatten auch sie geweint. Rasch flößte er noch mehr Milch in die durstigen Kehlen.

Dann löste er von einer Birke in der Nähe ein großes Stück Rinde ab und verfertigte daraus einen leichten und doch starken Behälter mit einem gut schließenden Deckel, versah ihn mit Luftlöchern und flocht noch einen Henkel. Das Innere polsterte er mit Gras und Binsen schön weich und warm aus und tat auch Blätter und zarte Schößlinge hinein. Und als er die Kleinen an ihren handlichen Plattschwänzchen aufhob und sie das duftende Bett und die andern guten Sachen rochen und dazu noch die leise, beruhigende Stimme hörten, fühlten sie sich um vieles wohler. Sie vergaßen den fauchenden Otter mit dem stinkenden Fischatem, vergaßen die Eule mit den gelben Feueraugen und dem knappenden Schnabel und schwatzten in einer krähenden Kleinkindersprache wie schon lange nicht mehr. Dann aßen und aßen sie, bis sie nicht mehr konnten.

Große Feder setzte sich ins Kanu und fuhr heimwärts, *sehr* zufrieden mit seinem Geburtstagsgeschenk für Sajo. Schapian, der drei Jahre älter war, sollte ebenfalls daran teilhaben, obwohl er *nicht* Geburtstag hatte. Der Indianer war glücklich, weil er zwei Waldgeschöpfen aus ihrer Todesnot hatte helfen können.

Wie alle einsamen Menschen neigte er zu Selbstgesprächen, und leise murmelte er vor sich hin:

»Mino-ta-kijah – so ist es gut. Kä-get-mino-ta-kijah – so ist es sehr gut.«

Das mußten auch die Biber gefunden haben, denn sie

schwiegen. Wirklich, sie hatten es gut in ihrem warmen Nest. Durch die Luftlöcher hörten sie das Lied der Amseln und den Drosselschlag, hörten das einschläfernde Summen der Insekten, das fröhliche Plätschern der Wellen und alle die andern vertrauten Waldgeräusche. Und doch – sogar in diesem neugeschenkten Glück konnten sie die Eltern und Geschwister nicht vergessen; plötzlich fühlten sie sich wieder sehr verlassen und fielen sich wimmernd in die Arme. Als sie sich gegenseitig spürten, war das Gefühl des Verlassenseins wieder überwunden, müde wackelten die Dickköpfe auf den kurzen Hälsen, die Stimmen verstummten, die schwarzen Knopfaugen ließen sich einfach nicht länger offenhalten, und alle Sorgen waren vergessen. Sie schliefen.

So fuhren die beiden, die zusammen in einem Halbliterglas Platz gehabt hätten, einem neuen Heim, neuen Freunden und unerhörten Abenteuern entgegen.

Es war in der Tat, wie Gitschie Megwon gesagt hatte: Mino-ta-kijah, eine ganz erstklassige Sache.

Tschilawii und Tschikanii

Die Biber gewöhnten sich rasch an ihr neues Leben im Hause des Indianers Gitschie Megwon und seiner Kinder, und wenn auch kein Mensch ihnen die Eltern ersetzen konnte, so taten die drei alles, um sie gesund und glücklich zu erhalten.

Schapian trat ihnen die untere Hälfte seiner Schlafbank ab und teilte sie durch eine Wand aus Birkenrinde. Das war das neue Biberhaus, in dem die Kleinen sich sofort einrichteten. Gitschie Megwon schlug ein Loch in den Fußboden und senkte einen Waschkübel als Teichersatz hinein. Groß war der »Teich« weiß Gott nicht, aber immerhin so groß wie das Tauchloch in der Burg, und die Hauptsache: er gefiel den neuen Hausgenossen. Auf dem Wasser liegend, verzehrten sie die herbeigeschafften Zweige und Blätter. Sobald sie den Kübel verließen, hockten sie sich daneben und drückten und schrubbten das Wasser aus dem Pelz. Zuerst packten sie die Haare büschelweise mit ihren kleinen Fäusten und drückten kräftig zu. Wenn das getan war, kämmten sie den Pelz mit den Doppelklauen an ihren Hinterfüßen gründlich durch. Das dauerte immer eine ganze Weile und nahm sie so in Anspruch, daß Sajo von ihrem Eifer angesteckt wurde und ihnen beim Trocknen und Kämmen half, indem sie mit den Fingerspitzen den Pelz bald nach der einen, bald nach der anderen Seite strich.

Beim Trocknen hatten sie die Gewohnheit, einmal den einen, einmal den andern Arm hoch über den Kopf zu recken und die betreffende Seite mit der freien Hand zu bearbeiten. Dieses anstrengende Geschäft verrichteten sie aufrechtsitzend und sahen dabei aus, als würden sie in der nächsten Sekunde einen echt schottischen Hochländer tanzen. Und erst recht lustig war's, wenn sie von einem Aststück die Rinde abraspelten. Sie hielten das Stück quer vor die Zähne, drehten es mit ihren Händen immer rund und rund herum und glichen aufs Haar zwei alten flötespielenden Männern. Manchmal brachten sie etwas Abwechslung in die Vorstellung, indem sie die Stöckchen – sofern sie dünn genug waren – ganz und gar aufaßen. Sie steckten das eine Ende in das Mäulchen, bissen ab und schoben mit den Händen fleißig nach, die kleinen Schwertschlucker.

In den ersten zwei Wochen in der neuen Heimat brauchten sie noch Milch, und Sajo lieh sich im Indianerdorf eine Saugflasche und einen Gummilutscher. Solange nun der eine gefüttert wurde und die Flasche mit den Vorderpfoten wie einen teueren Besitz umklammert hielt, zerriß sich der andere vor Ungeduld und Empörung, zerrte, aus vollem

Halse schreiend, an der Flasche, die der augenblickliche Besitzer um keinen Preis fahrenlassen wollte. In dem Durcheinander fiel die Milchbüchse um und ergoß ihren Inhalt über den Boden. Es blieb gar nichts anderes übrig, als eine zweite Saugflasche und einen zweiten Gummilutscher aufzutreiben. Von da an fütterte Schapian den einen und Sajo den andern, und Friede herrschte auf beiden Seiten.

Als die Hereingeschneiten ein wenig älter waren, erhielten sie in Milch aufgeweichtes Indianerbrot, das machte die Ernährungsfrage weniger umständlich. Jeder besaß seinen eigenen Napf. Sie pflegten mit der Pfote in die Schüssel zu langen, einen Brocken herauszufischen und schnell, schnell in den Mund zu stopfen; es konnte nie rasch genug gehen.

Nun ist's ja wahr, ihr Benehmen bei Tisch war nicht gerade gesittet. Sie schmatzten mit den Lippen, schnauften gar fürchterlich und sprachen mit vollen Mäulern. Aber *eine* feine Gewohnheit hatten sie! Sobald sie fertig waren, räumten sie ihre Näpfe auf. Sie schoben sie vor sich her in eine Ecke oder unter den Ofen. Manchmal enthielten die Teller noch allerlei Brocken, und das war, soweit es die Biber anging, durchaus in Ordnung. Bis die Teller jedoch ihren Bestimmungsort erreicht hatten, lagen die Überbleibsel der Mahlzeit gut zerquetscht und zertrampelt auf dem Marschweg, und den peinlich geschrubbten Fußboden verunzierten die Spuren kleiner klebriger Biberfüße. Sajo spülte daher das Bibergeschirr genauso wie das der »großen Leute«.

Da Schapian den einen und Sajo den andern pflegte, machte es sich ganz von selbst, daß jeder Biber seinen Beschützer besonders liebte und auf Anruf zu *seinem* Freund watschelte.

Zunächst hatten sie keine Namen, und die Geschwister riefen bloß: »Un-daas, un-daas, Amick, Amick! – Kommt her, kommt her, Biber, Biber!« Eines Tages aber dachte

Sajo wieder an den vergangenen Geburtstag und an die Puppen, die so verdrießlich auf die Neuankömmlinge gestarrt hatten. Gut, dachte Sajo, dafür sollen sie auch ihre Namen hergeben. Und so geschah es, daß die Biber »Tschilawii« und »Tschikanii« genannt wurden, »Groß-Klein« und »Ganz-Klein«.

»Tschilawii« war etwas größer geraten als »Tschikanii«. Die Tierchen hatten die Namen bald heraus und purzelten unter Schapians Schlafbank hervor. Weil aber ihre Namen so ähnlich klangen, kamen immer beide zugleich angetrudelt. Und da sie sich, vom geringen Größenunterschied abgesehen, wie zwei Erbsen glichen, war es oft schwer zu entscheiden, wer nun wer war.

Um das Auseinanderhalten noch schwieriger zu machen, hielten sie mit dem Wachsen *nicht* gleichen Schritt. Eine Zeitlang wuchs der eine schneller als der andere, plötzlich war es aus, und der kleinere Bruder holte auf und überflügelte den andern sogar. Eines Tages stellte man zur allgemeinen Überraschung fest, daß »Ganz-Klein« eine ganze Weile für »Groß-Klein« gehalten worden war. Kaum hatte man die Namengeschichte wieder auseinandergeklaubt und richtiggestellt, da geriet sie schon wieder durcheinander, weil das Wachstum sich den Teufel um Namen kümmerte.

Es war wirklich hoffnungslos! Sajo wurde der Sache allmählich müde und beschloß, ihr ein für allemal ein Ende zu machen und sie einfach »Die Kleinen« zu rufen. Da schaffte Tschilawii oder Groß-Klein von sich aus Ordnung, und das gründlich! Er hatte nämlich die Angewohnheit, zwischen den warmen Ofensteinen zu schlafen. Eines Tages stank es fürchterlich nach verbranntem Haar, und kein Mensch wußte, woher und wieso. Der Ofen wurde aufgemacht, durchsucht und ausgeputzt, die Ofenröhre wurde beklopft, aber es stank ruhig weiter und mehr als je. Endlich fiel es einem ein, auch mal *unter* den Ofen zu schauen, und dort lag Tschilawii und schlief unbekümmert weiter, während der Pelz auf seinem Rücken versengte. Man riß ihn schleunigst hervor. Richtig, ein großer Sengfleck verunzierte den Rücken und roch *sehr* schlecht. Tschilawii war für den ganzen Sommer gezeichnet. Und so wurde die Unterscheidung zuletzt doch noch ganz leicht. Im Lauf der Zeit kannte jedes Tierchen seinen eigenen Namen und hörte darauf.

Sie waren ein recht geschwätziges Brüderpaar, Tschilawii und Tschikanii, und plapperten den geschlagenen Tag. Jede Anrede der Kinder erhielt fast immer eine zweistimmige Antwort. War man gerade bei einer Arbeit, z. B. beim Wasserholen, Holzschleppen, Fußbodenaufwaschen, oder lachte und sprach man mehr als sonst, dann purzelten die Biber herbei und versuchten mitzutun.

Dabei sprangen und hüpften sie wie irr umher und kollerten den Menschen fortgesetzt in den Weg.

Die Leckerbissen, die sie bei Tisch erhielten, aßen sie nicht gleich auf, sondern trugen sie in ihr Haus, um sie aufzuheben oder dort zu verzehren, je nachdem. Manchmal fielen sie, wie unartige Kinder, recht lästig, und um sie loszuwerden, mußte man sie mit guten Bissen bestechen. Natürlich blieben sie nie lange in ihrem Haus, sondern holten sich neue Bestechungsgelder. Sie hatten sehr schnell heraus, wann Besuchszeit war; sobald es etwas zu essen gab, fanden sie sich pünktlich ein, zogen an den Kleidern und versuchten sogar, an den Beinen hochzuklettern, um das Gewünschte zu erhalten. Selbstverständlich kamen sie immer zu ihrem Teil und stolperten damit, selig mit den Köpfen wackelnd, hopsend ihrer Behausung zu.

Ihren Beschützern folgten sie geduldig und beharrlich auf Schritt und Tritt. Auf ihren überaus kurzen Beinchen bewegten sie sich wie ewig aufgezogene Spielzeuge. Alles, was auf dem Fußboden lag, schleppten sie von einer Ecke zur andern. Später, als sie größer und stärker geworden waren, stahlen sie sogar Feuerholz aus der Kiste und schleiften es in ihr Haus, wo sie es mit ihren scharfen Zähnen in dünne Späne zerschlissen und Bettstreu daraus machten. Jedes Stoffetzchen, jedes kleine Kleidungsstück, das auf den Boden gefallen war, mußte schleunigst aufgehoben werden, sonst war es dahin. Der Besen wurde heruntergezogen und umhergeschleift. Besen und Feuerholz waren überhaupt ihre Lieblingsspielzeuge, wohl hauptsächlich darum, weil sich damit so schön Krach machen ließ, und das gefiel ihnen ausgezeichnet.

Den größten Spaß jedoch fanden sie – am Ringkampf. Sie stellten sich dabei auf die großen häßlichen Hinterbeine, umschlangen sich mit den kurzen Ärmchen, drückten den Kopf an des Gegners Schulter und versuchten, einander umzuwerfen. Das gelang nicht so ohne weiteres, denn die Plattschwänze und die großen, mit Schwimmhäuten versehenen Hinterfüße gaben eine kräftige Stütze ab. Und so schoben und rangen und grunzten und prusteten sie, bis einer ins Rutschen geriet und, um das Gleichgewicht wiederherzustellen, rückwärts trippelte. Diese Schwäche suchte dann der Gegner auszunützen und legte sich noch einmal tüchtig ins Zeug. Manchmal gelang es dem Unterliegenden, wieder festen Stand zu fassen, dann war der obenauf und brachte den Gegner in Verlegenheit, und der Kampf setzte sich in umgekehrter Richtung fort. So schoben sie sich oft minutenlang vor und zurück, rundherum und hin und her wie ein kleines walzendes Menschenpaar. Zwischen dem Grunzen und Schnaufen erschollen die lauten Quieker und Schreie des Geschobenen, gewaltiges Fußstampfen und Schwanzklopfen, bis einer endlich den Schwanzhalt verlor und auf den Rücken fiel. Das war unwiderruflich das Schlußzeichen; die Kämpfer stellten sich wieder auf die Beine und hüpften wie Tollhäusler herum. Sajo und Schapian wurden des Zuschauens nicht müde.

Zwischen Ringkampf und Flötenspiel, zwischen Schwertschlucken und Betteln, Besenschleppen und Holzherumziehen und all dem andern Umtrieb, den sie den lieben langen Tag anstellten, gab es auch andere Augenblicke. Es kamen Zeiten, da sie, die Hände fest an die Brust gedrückt und die Schwänze untergeschlagen, still und feierlich-ernst nebeneinanderhockten und keinen Laut von sich gaben. Es schien, als versuchten sie, sich über ihr Leben klarzuwerden. In solchen Augenblicken kniete Sajo vor sie hin und erzählte ihnen eine Geschichte und fuchtelte dabei mit dem Zeigefinger vor den Bibernasen herum, als leite sie ein Konzert. Und Tschilawii und Tschikanii blieben sitzen, lauschten und folgten mit den Augen dem auf und ab fahrenden Zeigefinger, der vor ihren Nasen tanzte. Und dann fingen sie an, mit den Köpfen zu wackeln, auf und ab, hin und her, wie Biber tun, wenn sie sich über etwas freuen. Zuletzt schüttelten und wackelten sie mit dem ganzen Körper, so sehr, daß sie umfielen und auf dem Boden umherkollerten, als hätten sie jedes Wort verstanden und wüßten sich vor Lachen nicht mehr zu helfen. Schapian pflegte danebenzustehen und das Bild zu betrachten. Als angehender Mann fand er Sajos Gehaben etwas lächerlich, im stillen wünschte er aber, kein Mann zu sein und dieses Geschichtenerzählen selbst zu besorgen. Ach ja, das Erwachsensein verdirbt manchen schönen Spaß!

Manchmal fühlten sich die kleinen Burschen sehr verlassen und heulten in ihrer dunklen Kammer zweistimmig vor sich hin. Sajo, die ihre eigene Mutter nie vergessen hatte, wußte weshalb und nahm sie auf den Arm und versuchte, sie mit leisen Worten und zärtlichen Händen zu trösten. Und die Biber nestelten sich dichter an die kleine Menschenbrust, bohrten die Stupsnasen in den warmen, weichen Fleck an Sajos Hals, wo sie so gerne lagen. Und nach einer kleinen Weile verstummte das Wimmern. Statt dessen ertönten lange, zufriedene Seufzer, und dann kam der Schlaf . . .

Trotz Unband und Geschrei und Faxen waren sie eben immer noch junge Geschöpfe. Sie schenkten den beiden Menschenkindern in ihrer eigenen bescheidenen Art all die Zuneigung, die sie Vater und Mutter gegeben hätten.

Tschikanii hing ganz besonders an Sajo. Er war nicht so kräftig wie Tschilawii und viel, viel ruhiger. Tschilawii dagegen war ein lustiger Bursche, ein richtiges Rauhbein, einer von denen, die das ganze Leben für einen Mordsspaß halten. Tschikanii jedoch litt oft unter einer gewissen inneren Verlassenheit und hockte zu solchen Zeiten allein in den Ecken, bis ihn jemand aufhob und gut zu ihm war. Nachts kroch er aus dem Häuschen und saß klagend vor Sajos Bett, um aufgenommen zu werden. Bruder Tschilawii aber ließ sich nicht stören, sondern lag in seinem Haus auf dem Rücken und zersägte gar manchen Ast. Wenn Tschikanii in irgendeiner kleinen Not schwebte, zum Beispiel mit der Nase an den heißen Ofen gestoßen oder im Ringkampf besiegt worden war, kam er um Trost zu Sajo gerannt. Und Sajo war immer für ihn da und setzte sich zu ihm auf den Boden. Dann erkletterte er ihren Schoß und ließ sich von ihr in neue Zufriedenheit hineintrösten. Tschilawii, der seine Streiche für den Tag geliefert hatte und sich vielleicht ein wenig ausgeschlossen glaubte, tauchte dann regelmäßig auf und wollte auch seinen Anteil an der allgemeinen Liebe haben. Höchst rücksichtslos quetschte er sich neben seinen Bruder, stieß einen mächtigen Seufzer aus und war offenbar sehr zufrieden mit seinem Tagewerk. Sajo, die Gute, blieb dann auf dem Fußboden sitzen und wagte kaum, sich zu rühren, bis die Biberbrüder abzuziehen geruhten.

Sie ließen sich nun viel leichter unterscheiden. Tschilawii war kräftiger und – man kann ruhig sagen – auch frecher und abenteuerlicher veranlagt als Bruder Tschikanii. Ihm schien es Spaß zu machen, wenn er den Kopf an die Tischbeine stieß oder ein Stück Holz sich auf die Zehen fallen ließ oder kopfüber in die Holzkiste purzelte. Er war naseweis wie ein Papagei, wollte alles ergründen und erschnüffeln. Einmal erstieg er tatsächlich den Scheuereimer, den Sajo einen Augenblick aus den Augen gelassen hatte. Wahrscheinlich hielt er ihn für ein Tauchloch, denn er flitschte wie ein Pfeil hinein. Der Kübel fiel um mit allem, was darin war, und Wasser und Biber schwammen über den Fußboden. Tschilawii war sehr, sehr erstaunt, wie alle, die das Ereignis mit angesehen hatten. Doch trotz seiner eigensinnigen Art war er genauso zutraulich wie Tschikanii und heftete sich (wenn er nichts anderes zu tun hatte!) an Schapians Fersen.

Er hielt es nie lange ohne seinen kleinen Bruder aus. Immer waren sie beisammen, entweder hinter- oder nebeneinander. Und wenn sie sich einmal aus den Augen verloren, stimmte jeder für sich ein mörderisches Geschrei an und suchte den andern. Hatten sie sich wiedergefunden und innig umarmt, dann saßen sie noch ein kurzes Weilchen mit angeschmiegten Köpfen still. Sehr lange dauerte diese Zärtlichkeit nicht, und die stumme Wiedersehensfreude schlug gar bald in einen Ringkampf um. Eine merkwürdige Art, Wiedersehen zu feiern.

Sajo dachte oft, wie grausam es wäre, die beiden zu trennen.

Eines Tages fand es Gitschie Megwon an der Zeit, die Biber ins Freie zu lassen. Sie waren jetzt recht gut herangewachsen und kräftige Kerle, sodaß die Kinder Angst hatten, die Tiere würden davonwandern und nie mehr wiederkehren. Gitschie Megwon aber wußte es besser. Nein, die Biber werden ihre Heimat, wo man sie gut behandelt hat, nicht verlassen und immer in die Blockhütte zurückkehren, ganz so, als sei diese ihr rechtmäßiges Biberhaus. Überdies würden die Tiere es nicht lange allein aushalten und höchstens ein bis zwei Stunden fortbleiben.

So kam der große Tag heran, an dem die Bretter, die den unteren Teil der Hüttentür verrammelten, weggenommen wurden – und draußen waren sie. Das ging zwar nicht so schnell, wie es hier erzählt wird, denn das Brüderpaar guckte sich erst vorsichtig nach allen Seiten um, blinzelte etwas ängstlich um die Ecken und prüfte sorgfältig all die vielen neuen Gerüche und Geräusche, die auf Nase und Ohr einstürmten. Ganz zaghaft machte man das erste, das zweite, das dritte Schrittchen über die Schwelle, und dann erst warf man sich der Freiheit endgültig in die Arme und watschelte, von Schapian und Sajo als Leibwache begleitet, zum See hinunter. Tschilawii und Tschikanii hatten es gar nicht eilig, sondern trotteten recht gemächlich und vorsichtig dahin, blieben immer wieder sitzen, um sich nach nicht vorhandenen Bären und Wölfen umzusehen. Es waren, wie gesagt, keine da, aber es machte Spaß, so zu tun. Je näher sie dem See kamen, um so eiliger hatten sie's. Der behäbige Schritt wurde zum Trab und zuletzt zu einem Galopp (wenn man so sagen will) – und dann hinein ins Wasser! Und wieder heraus! Sie wußten gar nicht, was sie mit diesem großen Waschkübel anfangen sollten. Lange hielten sie's auf dem Land nicht aus und stürzten sich hell aufquiekend wieder ins Naß, schlugen mit den Schwänzen und fühlten sich ungeheuer wohl und durchaus am Platz. »Wie richtige Biber!« meinte Sajo.

Daraufhin dauerte es nicht lange, bis sie sich daranmachten, ganz selbständig frische kleine Pappeltriebe zu schneiden und zu knabbern. Im hohen Riedgras um Ufer sitzend, säbelten sie die Dinger in kurze, handliche Stücke und schälten vergnügt die Rinde ab. Sie spielten und rangen und liefen auf und nieder, hinein ins Wasser und wieder heraus, und waren ganz außer Rand und Band. Jedes leere Rattenloch am Uferrand zog sie unwiderstehlich an. Endlich hatten sie eines gefunden, das ihren Absichten großartig entgegenkam. Tschilawii und sein Bruder waren gerade so groß wie der letzte Besitzer der Höhle. Wundervoll. Auf der Stelle fingen sie an zu graben und zu wühlen. Die Höhle der Bisamratte lag unter Wasser, und als die beiden Biber fieberhaft darauflos arbeiteten, quoll der Schlamm in dicken gelben Wolken durch das Wasser, sodaß es sich trübte und in eine undurchsichtige Brühe verwandelte.

Irgendwo in dieser graugelben Schmiere steckten die Tierchen; sie blieben ziemlich lange verschwunden, sodaß Sajo es mit der Angst zu tun bekam und nach Schapian rief. Er watete ins Wasser und steckte zuerst die Hand, dann den ganzen Arm in die Einfahrt und fühlte die Wände ab. Tschilawii und Tschikanii waren nicht drin! »Sajo!« rief er aufgeregt, »sie sind weg!« In rasender Eile suchten die beiden das Schilffeld am Ufer nach den Verschwundenen ab. Auf einmal hörten sie hinter sich ein höchst klägliches Jammern und Weinen. Und siehe! da kamen Tschilawii und Tschikanii auf ihren Stummelbeinchen in größter Eile herbeigewackelt, halbtot vor Angst, ihre Freunde könnten sie zurücklassen. Sie hatten ihre Arbeit im Rattenloch aufgegeben gehabt und waren, unter dem schmutzigen, gewölkten Wasser schwimmend, davongeschlüpft und ungesehen ans Ufer geklettert.

Und nun waren sie so müde. Sie setzten sich nieder, zwei struppige braune Zwerge, und drückten und kämmten das Wasser aus dem Pelz. Danach drehten sie sich um und wandelten langsam und würdig den schmalen Pfad zur Blockhütte zurück. Dort drückte Sajo jedem ein großes Stück Indianerbrot in die Hände, worauf sie sich damit leise in ihr Birkenrindenschlafzimmer begaben, um ihr Mittagsmahl zu verzehren. Müde, satt und schläfrig rückten sie zusammen und plumpsten, innig umschlungen, auf ihr schönes, trockenes Bett und schliefen ein. So endete ihr erster Ausflug in die Freiheit.

Nun waren sie, wie Sajo gesagt hatte, »richtige Biber« und gewöhnten sich rasch an das neue Leben. Sobald die

Tür geöffnet wurde, trotteten sie zum Schwimmen und Wasserpritscheln. Stundenlang beschäftigten sie sich mit ihren Wasserspielen und mit dem am ersten Tag entdeckten Rattenloch. Immer tiefer wühlten sie sich hinein und ließen nicht nach, bis die Röhre ihnen genügend sicher erschien (man konnte ihnen Gedanken und Pläne geradezu ablesen, wenn sie prüfend und sichernd nach allen Seiten forschten, als sei die Welt voll böser Drachen). Zuletzt erhielt der lange Gang einen Bogen nach oben, sodaß eine Öffnung im Boden entstand: ein Tauchloch! Und über dem Tauchloch begannen sie zur hellen Freude Sajos und ihres Bruders eine lächerlich kleine Biberburg zu errichten, ein eigenes, richtiges Haus mit einem Wohnraum, einem Unterwassereingang, einer Ein- und Ausfahrtsröhre und einem Tauchloch! Gewiß, das Ganze war etwas wackelig in den Wänden und auch nicht besonders gut verputzt, aber alles in allem genommen, stellte es ein recht brauchbares Stück Arbeit dar.

Zu einem Heim gehörte auch eine zünftige Einrichtung und vor allem eine Speisekammer, möglichst eine gefüllte. Indem sie fleißig junge Triebe schnitten und zu einem winzigen Futterfloß zusammentrugen, das sie vor dem Wassertor verankerten, besaßen sie beides in einem. Sie bauten und taten ganz wie große Biber, nur geriet alles viel, viel kleiner und nicht so gut; auch die Bauzeit war nicht richtig gewählt. Im Sommer baut man kein Futterfloß, denn das Zeug wird sauer, ehe man's aufessen kann. Auch wäre das wackelige, windschiefe Haus nie und nimmer regendicht gewesen. Doch was machte das aus! In der Blockhütte drin besaßen sie sowieso ein sicheres, warmes Bett – wie die Menschen; Indianerbrot gab's immer mehr als genug und bei gewissen Gelegenheiten sogar Eingemachtes und eigene Teller! Zählt man all die schönen Dinge zusammen, die ihnen zur Verfügung standen, dann nannten sie für ihre Größe einen recht beträchtlichen Besitz ihr eigen und waren wohlhabende Biberleute, die das schiefe Haus am See unten gar nicht nötig hatten, so wenig wie das Futterfloß. Aber – aber es war halt so ein Mordsspaß, das Zeug zusammenzubauen, kleine Bäume zu schneiden, zu graben und im Schlamm zu dreckeln.

Sajo und Schapian verbrachten fast ihre ganze freie Zeit mit den Bibern am See. Oft halfen sie den fleißigen Burschen, und jeder Stecken, jeder Blattwedel, jeder Stein, den sie für die Biber herbeitrugen, wurde ihnen mit großer Hast entrissen und davongeschleift. Nicht selten rückten die kleinen Schmutzfinken, von Kopf bis Schwanz mit Schlamm überzogen, an und wollten an ihren Freunden hochklettern. Dann gab es jedesmal eine regelrechte Balgerei, und die Freude hörte nimmer auf.

Schapian, der von dem Baufieber der Biber angesteckt wurde, baute eine kleine Spielhütte. Darin saßen sie dann zu viert und ruhten aus. Tschikanii liebte dieses Hüttchen ganz besonders und spazierte auf der Suche nach seiner geliebten Sajo oft hinein. Tschilawii, der Abenteurer, der Herumtreiber, aber konnte es nirgends lange aushalten, immer wieder war er verschwunden. Weil er nicht sagen konnte oder wollte, wohin es ihn trieb, ging er immer wieder mal verloren. Natürlich, *er* wußte genau, daß er nicht verloren war, aber die anderen wußten es nicht, und das Suchen und Rufen nahm kein Ende. Er pflegte an den unwahrscheinlichsten Orten wieder aufzutauchen, mal im Spielhaus, wenn die anderen es für leer hielten, mal im Blockhaus, wenn man ihn in der Spielhütte vermutete, oder in der wackeligen Burg oder gar unter dem Kanu, wo er friedlich schnarchte. Ward er endlich gefunden, setzte er sich auf, Schwanz nach vorn umgeklappt, und wackelte mit Kopf und Bauch, als fände er die Aufregung der andern und den Streich, den er ihnen gespielt hatte, höchst ergötzlich. Ging an irgendeiner Stelle ohne ersichtlichen Grund ein Aufruhr los, war hundert gegen eins zu wetten, daß dieser Nichtsnutz die Hand im Spiel hatte. Wo ein Geschrei oder sonst ein Lärm ertönte – Tschilawii war immer mittendrin und die Seele vom Ganzen. *Seine* Stimme ertönte überall und zu jeder Zeit den lieben langen Tag, bald hier, bald dort, aber nie, wo man sie erwartete.

Nun, Tschikanii war auch kein Engel. Im Gegenteil, er trug seinen Teil redlich bei; immerhin gab es aber Augenblicke, in denen er mitten im lustigsten Spiel innehielt, als ob plötzlich ein Gedanke durch seinen kleinen Dickkopf gezuckt wäre, eine Erinnerung an seinen Heimatteich vielleicht, der so fern zwischen den Hügeln der Flüsternden Blätter lag. Das waren die Augenblicke, in denen er Sajos Tröstungen brauchte. Dann watschelte er auf seinen Stummelbeinen zur Spielhütte, um sie zu suchen. Und wenn er Sajo gefunden hatte, setzte er sich neben sie nieder, putzte sich und schmiegte sich dann eng an seine geliebte Freundin. Den Kopf auf ihren Knien, versuchte er, in seiner seltsam rührenden Bibersprache zu erzählen, worin sein

Ausgewachsener Biber

Kummer bestand. Manchmal wollte er bloß ihre Gesellschaft und lag mit halbgeschlossenen Augen träumend und zufrieden seufzend da. Vielleicht war es Einsamkeit, vielleicht Liebe – wir wissen es nicht. Diese beiden hielten treue Freundschaft, und wo das eine war, tauchte auch bald das andere auf.

Das fröhlich-bunte Leben mit den vielen kleinen Gemeinsamkeiten und Streichen, erfüllt von Arbeit und Spiel, war unaussprechlich schön, und es ist schwer zu sagen, wer von diesen Kindern der Wildnis am glücklichsten war: die auf vier Beinen oder die auf zwei. *Eines* steht fest: Alle vier waren eine fröhliche Kameradschaft in jenen glücklichen, glücklichen Tagen in O-pi-pi-sowä, an den Sprechenden Wassern.

»B. B. B.« – hinter dieser geheimnisvollen Abkürzung verbirgt sich folgender Satz, der vielleicht auch einmal bei uns Geltung finden könnte: »Biber bauen besser.« Deshalb überläßt man in Kanada und in der UdSSR den Bau von Dämmen zur Bewässerung vielfach den Bibern. Nicht nur, weil sie kurzfristig auf äußere Umweltgegebenheiten schneller reagieren und ihre Dämme danach ausrichten, sondern weil sie als Baumeister billiger kommen.

Leider war man bei uns in Europa nicht so vernünftig wie die Indianer in Nordamerika: die Indianer betrachteten die Tiere als ihre Brüder, mit denen man in Frieden zusammenleben konnte, ohne sie beherrschen zu wollen. War es z. B. notwendig, einen Biber abzuschießen, weil sein Pelz für ein bestimmtes Kleidungsstück benötigt wurde, schoß der Indianer nicht wahllos irgendein Tier. Der Indianer wußte im Gegenteil ganz genau, ob dieser Biber gerade Junge aufzog oder ob er einen Einzelgänger vor sich hatte, den er töten durfte. Wie die Geschichte von Sajo zeigt, versuchten die Indianer auch, sich ihren Brüdern gegenüber als dankbar zu erweisen. Der Vater Sajos hilft den in Not geratenen Biberbabys; als sie aber erwachsen sind, entläßt er sie wieder in die Freiheit, da er ja von der Nützlichkeit der Biber in freier Natur überzeugt ist.

Die Europäer hingegen verfaßten noch fröhlich Rezepte, wie man Biberschwänze delikat zubereiten könnte, als es bei uns kaum mehr Biber gab (als 1904 ein Kochbuch mit verschiedenen »Biberrezepten« erschien, war der Biber in Westdeutschland schon seit einem halben Jahrhundert ausgestorben). Wir brauchen aber gar nicht über unsere Großeltern die Nase zu rümpfen, wenn wir vielleicht gerade den Löffel in eine Schildkrötensuppe tauchen; durch diese Handlungsweise helfen wir ebenfalls mit, ein weiteres Tier, nämlich die Suppenschildkröte, auszurotten!

Viele glauben, daß wir uns heutzutage keine Biber mehr »leisten« können. Man ist der Ansicht, daß sie unseren wohlgeordneten Wäldern Schäden zufügen könnten. Aber das Holz, das dem Menschen besonders am Herzen liegt, interessiert den Biber gar nicht besonders. Die Biber fällen am liebsten Weichholzbäume, wie Weiden und Birken; den Sommer über fressen sie gerne Brennessel, Mädesüß, Geißfuß und Wasserpflanzen. Sogar unsere verschmutzten Gewässer finden sie noch erträglich und bauen selbst dort Dämme, wo sie von Ausflüglern gestört werden könnten.

Vielleicht wird »B. B. B.« doch noch zu einem neuen Schlagwort?

Biber (Castor fiber)

Biber finden sich im nördlichen Eurasien und in Nordamerika in Seen, Bächen und Flüssen mit unterholzreichen Auwaldgebieten. Sie zählen zur Unterordnung der Hörnchenverwandten. Ihre Gesamtlänge beträgt durchschnittlich 120 cm (Kopf/Rumpflänge 90 cm, Schwanzlänge ca. 30 cm). Sie erreichen ein Gewicht von ca. 24,5 kg und ein Höchstalter von ca. 17 Jahren.

DIE AUTOREN

Gerald Durrell, geboren 1925 in Yamshadpur/Indien, studierte Naturwissenschaften und wurde 1947 Tierfänger. Expeditionen nach Britisch-Kamerun und Britisch-Guayana.

Paul Eipper, geboren 1891 in Stuttgart, gest. 1964. War zunächst Buchhändler und Maler, später im Verlagswesen tätig. Sein erstes Buch, *Tiere sehen dich an,* 1928, wurde ein Welterfolg und ermöglichte es ihm, als freier Schriftsteller zu leben. Ab 1931 drehte er Kulturfilme, unternahm weite Reisen und berichtete in vielen Sendungen über Rundfunk und Fernsehen von seinen Erlebnissen.

Attilio Gatti, geb. 1896 in Mailand, gest. 1969 in Lugano. Leiter zahlreicher wissenschaftlicher Expeditionen in Afrika, wo er 32 Jahre verbrachte. Zu seinen wichtigsten Entdeckungen gehören: erste Eisenerzeugung des prähistorischen Afrika, Okapi-Rasse im Dschungel des Kongo.

Hans Hass, geboren 1919 in Wien, studierte Naturwissenschaften (Dr. rer. nat.), hat seit 1939 viele Expeditionen vor allem in die tropischen Meere unternommen; ein Pionier auf dem Gebiet der Unterwasserforschung.

Lilli Koenig, geboren in Wien, Grafikerin, Schriftstellerin, Verhaltensforscherin; verheiratet mit Otto Koenig, mit dem sie 1945 die Biologische Station Wilhelminenberg (heute: Institut für Vergleichende Verhaltensforschung der Österreichischen Akademie der Wissenschaften) gegründet hat. Ihre Tierbücher, von denen einige für Kinder geschrieben sind (z. B. *Gringolo*), sind in viele Sprachen übersetzt worden.

Konrad Lorenz, geboren 1903 in Wien, studierte Medizin und Zoologie (Dr. med. und Dr. phil.), Universitätsprofessor in Königsberg (1940), Gründer des Instituts für Vergleichende Verhaltensforschung in Altenberg (Österreichische Akademie der Wissenschaften), Honorarprofessor an der Universität München (1957), Direktor am Max-Planck-Institut für Verhaltensphysiologie in Seewiesen bei Starnberg (1961). Erhielt 1973 den Nobelpreis für Medizin.

Monika Meyer-Holzapfel, lebt in der Schweiz, ehemals Leiterin des Tierparks Dählhölzli; hält Vorlesungen über Tierpsychologie an der Universität Bern (Professor, Dr. phil.).

Farley Mowat, geboren 1921 in Kanada, lebt in Toronto. Er befaßt sich in seinen Publikationen mit dem Leben der Tiere, aber auch mit Völkerkunde. 1947–1949 lebte er als Forscher in der Arktis.

Sterling North, lebt im amerikanischen Mittelwesten und ist Cheflektor eines großen Verlages. Er hat schon als Kind publiziert, und sein Buch *Das schwarze Schaf Danny* wurde von Walt Disney verfilmt.

Isaac Bashevis Singer, geboren 1904 in Radzymin in Polen, Nachkomme einer alten Rabbinerfamilie, emigrierte 1935 nach New York, wo er auch heute noch lebt und als freier Schriftsteller arbeitet. Erhielt 1978 den Nobelpreis für Literatur.

Wäscha-kwonnesin, „Graue Eule", geboren 1888, gestorben 1938. Er war Halbindianer, ging dem Beruf des Fallenstellers und Pelztierjägers nach und wurde schließlich Tierheger, der sich besonders der von der Ausrottung bedrohten Biber annahm.

Henry Williamson, geboren 1895 in Dorset, England, gestorben 1977. Tierbuch-Autor, Journalist.

Max Alfred Zoll, ehemals Direktor im Münchner Tierpark Hellabrunn. Sein Spezialgebiet waren die Menschenaffen.

QUELLENNACHWEIS

Die Herausgeberin und der Verlag danken für die Genehmigung des Abdruckes:
Gerald Durrell, *Das flüsternde Land,* Copyright by Gerald Durrell und Sanssouci-Verlag, Peter Schifferli, Zürich 1961. – Paul Eipper, *Tiere sehen dich an,* R. Piper & Co. Vlg., München, 1952. – Attilio Gatti, *Meine liebsten Tierkinder,* Orell Füssli Verlag, Zürich 1965. – Hans Hass, *Unberührte Tiefen,* Verlag Fritz Molden, Wien 1971; Copyright by H. Hass. – Lilli Koenig, *Die klaren Augen,* Verlag Waldheim-Eberle, Wien 1951. – Konrad Lorenz, *Er redete mit dem Vieh, den Vögeln und den Fischen,* Verlag Dr. G. Borotha-Schoeler, Wien. – Monika Meyer-Holzapfel, *Tierpark kleine Heimat,* Benteli Verlag, Bern. – Farley Mowat; Copyright by Farley Mowat 1961; Originaltitel: *Owls in the Family;* alle Rechte durch Literarische Agentur Liepmann AG, Zürich. – Sterling North; © 1963 by Sterling North. – Isaac Bashevis Singer, *Zlateh die Geiß und andere Geschichten,* Verlag Sauerländer, Aarau und Frankfurt am Main. – Wäscha-kwonnesin; entnommen aus *Sajo und ihre Biber,* Franckh'sche Verlagshandlung, W. Keller & Co. Stuttgart. – Henry Williamson; Copyright 1960 Henry Williamson printed by permisson of MOHR-BOOKS Zürich. – Max Alfred Zoll; mit Genehmigung des Autors.